Sabine Kämper

Grundkurs Programmieren mit Visual Basic

Grundkurs JAVA
von D. Abts

Grundkurs Wirtschaftsinformatik
von D. Abts und W. Mülder

Datenbankentwicklung in IT-Berufen
von H. Burnus

Grundkurs Programmieren mit Delphi
von W.-G. Matthäus

Java für IT-Berufe
von W.-G. Matthäus

Programmieren lernen mit Java
von E. Merker und R. Merker

Algorithmen für Ingenieure – realisiert mit Visual Basic
von H. Nahrstedt

Java will nur spielen
von S. E. Panitz

Grundkurs MySQL und PHP
von M. Pollakowski

Grundkurs Algorithmen und Datenstrukturen in JAVA
von A. Solymosi und U. Grude

Programmieren mit JAVA
von A. Solymosi

www.viewegteubner.de

Sabine Kämper

Grundkurs Programmieren mit Visual Basic

Die Grundlagen der Programmierung –
Einfach, verständlich und mit leicht
nachvollziehbaren Beispielen

3., aktualisierte Auflage

Mit 62 Abbildungen

STUDIUM

**VIEWEG+
TEUBNER**

Bibliografische Information der Deutschen Nationalbibliothek
Die Deutsche Nationalbibliothek verzeichnet diese Publikation in der
Deutschen Nationalbibliografie; detaillierte bibliografische Daten sind im Internet über
<http://dnb.d-nb.de> abrufbar.

Das in diesem Werk enthaltene Programm-Material ist mit keiner Verpflichtung oder Garantie irgend-
einer Art verbunden. Der Autor übernimmt infolgedessen keine Verantwortung und wird keine daraus
folgende oder sonstige Haftung übernehmen, die auf irgendeine Art aus der Benutzung dieses
Programm-Materials oder Teilen davon entsteht.

Höchste inhaltliche und technische Qualität unserer Produkte ist unser Ziel. Bei der Produktion und
Auslieferung unserer Bücher wollen wir die Umwelt schonen: Dieses Buch ist auf säurefreiem und
chlorfrei gebleichtem Papier gedruckt. Die Einschweißfolie besteht aus Polyäthylen und damit aus
organischen Grundstoffen, die weder bei der Herstellung noch bei der Verbrennung Schadstoffe
freisetzen.

1. Auflage 2003
2., verbesserte und erweiterte Auflage 2006
3., aktualisierte Auflage 2009

Alle Rechte vorbehalten
© Vieweg+Teubner | GWV Fachverlage GmbH, Wiesbaden 2009

Lektorat: Sybille Thelen | Walburga Himmel

Vieweg+Teubner ist Teil der Fachverlagsgruppe Springer Science+Business Media.
www.viewegteubner.de

Umschlaggestaltung: KünkelLopka Medienentwicklung, Heidelberg
Druck und buchbinderische Verarbeitung: STRAUSS GMBH, Mörlenbach
Gedruckt auf säurefreiem und chlorfrei gebleichtem Papier.
Printed in Germany

ISBN 978-3-8348-0690-1

Vorwort zur 3. Auflage

Schwerpunkt der Neuerungen dieser Auflage ist die Anpassung aller Screen-Shots und Erläuterungen an das Office-Pakt 2007. Zusätzlich wurden auch diesmal alle Kapitel redaktionell überarbeitet.

Hamburg, im August 2009   Sabine Kämper

Vorwort zur 2. Auflage

Neben der redaktionellen Überarbeitung aller Kapitel wurde auch das Layout des gesamten Buches überarbeitet. Das vierte Kapitel ist um einen Abschnitt mit vordefinierten Funktionen ergänzt, und das achte Kapitel, die ereignisorientierte Programmierung, ist vollständig überarbeitet und stark erweitert worden. So werden nun alle wichtigen Steuerelemente anhand eines durchgängigen Beispiels erläutert. In allen Kapiteln wurden zusätzliche Übungsaufgaben eingeführt. Die Screen-Shots sind in dieser Ausgabe deutlich vergrößert und daher wesentlich besser zu lesen und nachzuvollziehen.

Mein Dank gilt allen StudentInnen des Informatik-Seminars im SS05, die mit zahlreichen Programmierbeispielen zur Überarbeitung des 8. Kapitels beigetragen haben. Für das große Engagement bei der Layoutbearbeitung des Buches danke ich ganz besonders Judith Heidenscher.

Ich wünsche allen viel Spaß und Erfolg beim Lesen.

Hamburg, im Dezember 2005   Sabine Kämper

Vorwort zur 1. Auflage

Die neueren Versionen von Visual Basic stellen eine Programmiersprache dar, mit der auch professionelle Anwendungen implementiert werden können. Sie enthält alle wesentlichen Konstrukte der prozeduralen und Grundzüge der objektorientierten Programmierung. Hinzu kommt, dass sie wesentlich einfacher zu erlernen ist als zum Beispiel C++.

V

Daher findet Visual Basic zunehmend Verwendung in Hochschulen, im Informatik-Unterricht in der Schule und in vielen Berufszweigen, in denen die Programmierung zur Ausbildung gehört.

Das vorliegende Buch bietet eine grundlegende Einführung in den Entwurf von Algorithmen und ihre Umsetzung in ein Visual Basic-Programm. Der Schwerpunkt liegt auf der Vermittlung der Fähigkeit, **Algorithmen selbständig zu entwickeln.** Die verschiedenen Phasen der Programmerstellung werden Schritt für Schritt erläutert, wobei die Kriterien guter Softwareentwicklung, wie erleichterte Fehlersuche, Änderungsfreundlichkeit und Erweiterbarkeit im Vordergrund stehen.

Es werden keine Vorkenntnisse in der Programmierung vorausgesetzt, so dass auch der "Programmier-Laie" sich in die grundlegende Technik der Programmerstellung einarbeiten kann.

Anhand unterschiedlicher Beispielaufgaben wird ein Algorithmus zunächst mit Hilfe eines Struktogramms entwickelt und daraufhin in Visual Basic umgesetzt. Alle in diesem Zusammenhang relevanten Visual Basic (VB)-Konstrukte werden ausführlich erläutert.

Visual Basic Versionen

Die vorgestellten Sprachkonstrukte gelten für Visual Basic 6.0, VBA (Visual Basic für Applications) und für Visual Basic.Net. Die Entwicklungsumgebungen der Programme unterscheiden sich in einigen Details. Da VBA über das Office-Paket ohne zusätzliche Anschaffungskosten für alle Programmierer zur Verfügung steht, wird diese Sprachversion als Ausgangspunkt der Erklärungen benutzt. Relevante Unterschiede zu den übrigen Versionen werden im Text erläutert, so dass dieses Buch für alle Versionen als Programmiereinführung geeignet ist.

Ziel des Buches ist es, den Leser aufgrund der erworbenen Kenntnisse in die Lage zu versetzen, eigenständig weitere Programme mit Visual Basic zu entwickeln und sich in andere Programmiersprachen einarbeiten zu können.

Zum Aufbau des Buches

Die einzelnen Kapitel des Buches bauen aufeinander auf. Das jeweils folgende Kapitel nutzt die Erkenntnisse der vorherigen und unterstellt sie für das weitere Verständnis. In den ersten sechs Kapiteln werden wesentliche Konzepte der prozeduralen Programmierung eingeführt. Sie dienen als Grundlage für die Erläuterung des objekt- und ereignisorientierten Ansatzes der Programmierung in den folgenden Kapiteln.

Online-Service In jedem Kapitel finden sich Übungsaufgaben, die die vermittelten Kenntnisse vertiefen. Lösungen zu den Übungsaufgaben können im Internet unter www.sabine-kaemper.de abgerufen werden.

Inhalt der Kapitel Im ersten Kapitel wird das Verfahren der Programmerstellung erläutert. Ausgehend von einer gegebenen Aufgabenstellung wird die Entwicklung von Algorithmen gemäß den Kriterien strukturierter Programmerstellung dargestellt. In diesem Rahmen werden auch passende grafische Beschreibungsmittel erläutert. Dabei werden die Vorteile dieser Vorgehensweise im Unterschied zur linearen Programmierung aufgezeigt.

Gegenstand des zweiten Kapitels ist die Implementierungsphase. Die Deklaration von Variablen sowie die Umsetzung einzelner Kontrollstrukturen in Visual Basic werden erläutert. Dabei wird auf die korrekte Umsetzung der Kontrollstrukturen in die entsprechenden Schlüsselworte von Visual Basic besonderes Augenmerk gelegt. Nach einer kurzen Beschreibung der Entwicklungsumgebung von Visual Basic werden die Aufgaben sowie unterschiedlichen Funktionsweisen von Compiler und Interpreter erläutert. Daraufhin werden die Schritte zur Programmausführung, die verschiedenen Fehlerarten bei der Programmierung und einige Testverfahren dargestellt.

Die Erweiterung der Kontrollstrukturen um das Auswahlkonstrukt sowie die Formulierung von Schleifen sind die Kernpunkte des dritten Kapitels.

Im vierten Kapitel werden Unterprogramme eingeführt. Die Gültigkeitsbereiche von Variablen sowie die Standard-Parameterübergabemechanismen, Referenz- und Werteübergabe, werden ausführlich erläutert. Auf diese Weise wird ein Eindruck von der Entwicklung umfassender Programmsysteme vermittelt.

Komplexe Datentypen wie Arrays und Records werden in Kapitel fünf anhand verschiedener Beispiele vorgestellt und ihre Verwendung in Prozeduren erklärt.

Das sechste Kapitel bildet eine Zusammenfassung der bis zu diesem Punkt erworbenen Kenntnisse. In einem Beispielprogramm werden alle vorgestellten Programmstrukturen im Zusammenspiel verdeutlicht.

Auf Basis der prozeduralen Programmierung werden im siebten Kapitel die wesentlichen Konzepte der objektorientierten Programmierung und ihre Umsetzung in Visual Basic dargestellt.

Inhalt des achten Kapitels ist die ereignisorientierte Programmierung. Dieser Ansatz wird zunächst allgemein erläutert, wobei der Zusammenhang zur objektorientierten und prozeduralen Programmierung herausgearbeitet wird. Anschließend werden exemplarisch Formulare mit Ereignisprozeduren entwickelt.

Hamburg, im April 2003   Sabine Kämper

Inhaltsverzeichnis

1 Algorithmenentwurf

Beim Verfahren der Programmerstellung lassen sich drei Produkte unterscheiden

Problem

|

Algorithmus

|

Programm

Die notwendigen Schritte zur Erzeugung der jeweiligen Produkte, die Problemdefinition und die Entwicklung von Algorithmen werden im ersten Kapitel beschrieben. Gegenstand des zweiten Kapitels ist die Erstellung von Programmen.

1.1 Die Problemdefinition

Im Zentrum steht der Anwender, der eine Aufgabenstellung, ein Problem hat, das er mit einem Programm lösen möchte. In diesem Schritt ist es für den Programmentwickler wichtig, gemeinsam mit dem späteren Nutzer des zu entwickelnden Programms eine genaue Problemdefinition vorzunehmen. Es muss festgelegt werden, welche Eingabedaten geplant sind und welche Ergebnisse der Rechnerarbeit, also welche Ausgabedaten, gewünscht werden.

Haben sich der Anwender und der Programmentwickler geeinigt, ist die Phase der Problemdefinition abgeschlossen. In größeren Projekten ist dies ein umfangreicher Prozess, der sehr genau durchgeführt werden muss, da die Güte des zu entwickelnden Programms wesentlich von der Erfassung aller möglichen Eingabedaten (in allen denkbaren Kombinationen) sowie der gewünschten zugehörigen Ausgabedaten abhängt.

In der Informatik ist diese Thematik Gegenstand der Fachgebiete Systemanalyse und Systementwicklung.

Resultat Problemdefinition

Als Resultat steht nun die Art der Ein- und Ausgabedaten fest, aber alle Maßnahmen zur Erzeugung der gewünschten Ausgabedaten sind nach wie vor unbekannt. Sie existieren als so genannte "black box" und müssen in den nächsten Schritten entwickelt werden.

Mit der Problemdefinition haben wir festgelegt, **was** das Computerprogramm leisten soll. Offen bleibt damit weiterhin, **wie** das Problem zu lösen ist.

1.2   Die Entwicklung des Algorithmus

Algorithmus

Unter dem Begriff **Algorithmus** versteht man die Formulierung von Handlungsanweisungen zur Lösung eines vorgegebenen Problems.

Auch unabhängig vom Umgang mit dem Computer hat jeder schon einmal mit einem Algorithmus zu tun gehabt, z. B. beim Aufbauen eines Regals nach vorgegebener Aufbauregel oder bei der Arbeit nach Kochrezepten.

Bei der Erstellung eines Algorithmus geht es darum, Handlungsanweisungen zu formulieren, mit denen aus den Eingabedaten die gewünschten Ergebnisse (Ausgabedaten) produziert werden. Im Rahmen der Programmierung ist dies der intellektuell schwierigste Teil.

Resultat Algorithmenentwurf

Mit dem Algorithmus liegt die Logik des zu entwickelnden Programms, das **wie** erreiche ich das gewünschte Ziel, vor.

Bevor wir zum nächsten Schritt übergehen, der Programmerstellung, lohnt es sich, einige grundlegende Überlegungen zur Entwicklung von Algorithmen anzustellen.

Der Algorithmus ist eine Handlungsanweisung, die von einem "Adressaten" ausgeführt werden soll. Beim Kochrezept z. B. ist der Algorithmus die vom Sternekoch geschriebene Kochanweisung, die von all denen, die dieses Rezept kochen möchten, ausgeführt wird.

Möchten wir ein Programm schreiben, so entwickeln wir einen Algorithmus, bei dem der **Ausführende** dieser Handlungsanweisungen der Rechner (genauer die CPU) ist.

Bei jeder Algorithmenformulierung muss der Entwickler zu Beginn darüber informiert sein, welches Wissen er beim Adressaten unterstellen kann. So sollte bei der Formulierung eines Kochrezepts z. B. klar sein, ob der Ausführende den Unterschied zwischen den Zubereitungsarten Braten, Dünsten und Schmoren kennt oder ob auch diese Tätigkeiten genauer zu beschreiben sind.

Ebenso müssen wir uns als Programmierer Klarheit darüber verschaffen, was der Computer "kann" und was ihm genauer zu erläutern ist.

Elementar-operationen

Anweisungen, die nicht näher erklärt werden müssen, bezeichnen wir im folgenden als **Elementaroperationen** (oder auch Elementaranweisungen).

In Kapitel 1.2.5 befassen wir uns ausführlich mit der Untersuchung von Elementaroperationen für den Rechner.

Einige wesentliche Merkmale von Algorithmen im Rahmen der Programmentwicklung gelten auch für Algorithmen, die an den Menschen gerichtet sind. Der Einfachheit und Nachvollziehbarkeit halber beziehen wir uns zunächst auf diese Algorithmen.

Als Basis der folgenden Kapitel soll nun ein Algorithmus zum Telefonieren an einem öffentlichen Telefonapparat entwickelt werden. Welche Elementaroperationen können unterstellt werden?

Damit der Algorithmus nicht ausufert und die wesentlichen Punkte darüber verdrängt werden, unterstellen wir einige Fakten.

- Der Ausführende weiß, wie ein Telefonapparat aussieht,

- es handelt sich um ein Münztelefon ohne Wahlwiederholtaste,

- passende Münzen sind vorhanden,

- der Angerufene wartet auf den Anruf, das Telefon ist eingeschaltet.

Algorithmus "Telefonieren"

Algorithmus "Telefonieren"

— Hörer abnehmen

— Münzen einwerfen

— Nummer wählen

— Freizeichen?

—   ja: — warten auf Kontakt

           — Gespräch führen

           — Hörer auflegen

           — Ende

— nein: — Hörer auflegen

           — Geld entnehmen

           — erneut versuchen?

                —   ja: beginne wieder von vorne

                — nein: Ende

1.2.1   Grundlegende Eigenschaften von Algorithmen

Zwei grundlegende Eigenschaften lassen sich in diesem Algorithmus erkennen.

Sie sind besonders dann wichtig, wenn der Ausführende der Computer ist. Dann müssen wir davon ausgehen, dass jede Handlung, sei sie auch noch so "unvernünftig", genau so ausgeführt wird, wie der Algorithmus es vorgibt.

Wir können beim Computer nicht von eigener "Denkfähigkeit" ausgehen[1]. Werden z. B. in Word automatische Korrekturen am Text vorgenommen, ist dies nichts anderes als das Ausführen von programmierten Handlungsanweisungen, z. B. "Ist der zweite Buchstabe eines Wortes groß geschrieben, so ersetze ihn durch den Kleinbuchstaben".

Mit der Frage "erneut versuchen?" ist die Möglichkeit vorgesehen, bei Bedarf den Algorithmus zu beenden, auch wenn kein Telefonat zustande kommt. Dies kann der Fall sein, da z. B. immer besetzt ist, weil der Angerufene möglicherweise den Hörer nicht richtig aufgelegt hat.

Endlichkeit

Sicher würde ein Mensch irgendwann die Geduld verlieren und selbständig den Entschluss fassen, die erfolglosen Anrufversuche abzubrechen. Anders sieht dies beim Computer aus. Fehlt eine Anweisung zur Beendigung, führt er den Algorithmus ohne Ende aus. Umgekehrt folgt daraus, dass jeder Algorithmus **endlich** sein muss.

Eindeutigkeit

Sehen wir uns die Frage "Freizeichen?" an. Hier gibt es zwei mögliche Wege, die im weiteren ausgeführt werden. Es muss sichergestellt sein, dass für jeden möglichen Fall, der bei der Abarbeitung des Algorithmus auftreten kann, **eindeutig** die nächste Anweisung vorgegeben ist.

Damit können wir die beiden grundlegenden Eigenschaften von Algorithmen, die **Endlichkeit und die Eindeutigkeit**, festhalten.

Prozess

Es kann sein, dass nur eine Teilmenge der formulierten Anweisungen bearbeitet wird. Die Menge der tatsächlich ausgeführten Anweisungen gemäß den Vorgaben des Algorithmus wird in der Informatik als **Prozess** bezeichnet. Welche Anweisungen durch-

---

[1] Auch im Bereich der künstlichen Intelligenz, einem Teilgebiet der Informatik, werden selbständige Schlussfolgerungen aufgrund vorgegebener Regeln gezogen.

geführt werden, hängt davon ab, welche Bedingungen im Moment der Abarbeitung des Algorithmus erfüllt sind.

1.2.2   Kontrollstrukturen

Im Rahmen der **strukturierten Programmierung** werden die Programmabläufe über **Kontrollstrukturen** gesteuert. Unter einer Kontrollstruktur versteht man eine Kombination von Handlungsanweisungen. Es lassen sich drei mögliche Formen der **Kombination von Handlungsanweisungen** unterscheiden.

Sequenz

Die einfachste Kontrollstruktur ist die **Sequenz**. Darunter versteht man die schlichte Abfolge von Handlungsanweisungen, eine Anweisung folgt der nächsten. In unserem Beispiel "Telefonieren" liegt sie u.a. zu Beginn vor.

— Hörer abnehmen

— Münzen einwerfen

— Nummer wählen

Alternative

Sehen wir uns nochmals die Frage "Freizeichen?" an. In diesem Fall wird abhängig von dieser Bedingung entweder die eine oder die andere Folge von Handlungsanweisungen ausgeführt. Wie wir bei der Bestimmung des Prozessbegriffs bereits erwähnt haben, schließen sich die Handlungsanweisungen der beiden Fälle gegenseitig aus. Die hier vorliegende Kontrollstruktur ist die **Alternative**.

Wiederholung

Die Frage "erneut versuchen?" scheint auf den ersten Blick ein weiterer Fall der oben beschriebenen Alternative zu sein. Auch hier liegt eine Frage bzw. eine Bedingung vor. Bei näherem Hinsehen lässt sich jedoch ein Unterschied erkennen. Abhängig davon, ob die Bedingung gilt, wird von Beginn an die gesamte Folge von Handlungsanweisungen wiederholt ausgeführt. Die hier vorliegende Kontrollstruktur ist die **Wiederholung.**

Sie wird häufig auch als **Schleife** bezeichnet. Wir bezeichnen dann die Bedingung als **Schleifenkopf** und die Menge der zu wiederholenden Anweisungen als **Schleifenrumpf.**

Kontrollstrukturen   Es lassen sich **drei Kontrollstrukturen** zur Formulierung und Steuerung von Algorithmen unterscheiden.

Sequenz	eine Anweisung folgt der nächsten;
Alternative	Abhängig von einer Bedingung wird entweder der eine oder der andere Teil von Handlungsanweisungen durchgeführt;
Wiederholung	Abhängig von einer Bedingung wird eine Folge von Anweisungen wiederholt ausgeführt oder auch nicht.

Verschachtelung   Bei der Formulierung von Algorithmen findet in der Regel eine Verschachtelung der Kontrollstrukturen statt. In unserem Beispiel im Ja-Teil der Alternative "Freizeichen?" ist eine weitere Sequenz enthalten.

— Warten auf Kontakt

— Gespräch führen

— Hörer auflegen

— Ende

Der Wiederholungsteil der Schleife beinhaltet sowohl eine Sequenz als auch eine Alternative, in der wiederum eine Sequenz enthalten ist.

Übungsaufgabe   Übungsaufgabe 1.1

Erweitern Sie den Algorithmus so, dass folgende Momente zusätzlich berücksichtigt werden.

• Der Telefonapparat ist nicht funktionsfähig und

• der Angerufene rechnet nicht damit, angerufen zu werden und hat deshalb kein Telefon verfügbar.

1.2.3   **Grafische Darstellungsmittel**

Zur Verdeutlichung der Handlungsabläufe werden häufig grafische Beschreibungsmittel gewählt. Neben vielen anderen werden im wesentlichen zwei Darstellungstechniken zur Beschreibung kleinerer bis mittlerer Programme angewendet

- Flussdiagramme und
- Struktogramme.

Flussdiagramme   Flussdiagramme gehören zu den klassischen Beschreibungstechniken und wurden bereits in den Anfängen der Programmierung eingesetzt. Sie bestehen im Kern aus drei Symbolen.

Anweisung

Bedingung

Kennzeichnung von Beginn und Ende eines Algorithmus

Daneben lassen sich noch einige teils später eingeführte, teils für Spezialanwendungen gedachte Symbole unterscheiden, die hier nicht weiter betrachtet werden. Die verschiedenen Symbole werden mit gerichteten Pfeilen verbunden. Nehmen wir nochmals den Telefonier-Algorithmus und betrachten ihn im Flussdiagramm.

**Beispiel
Flussdiagramm**

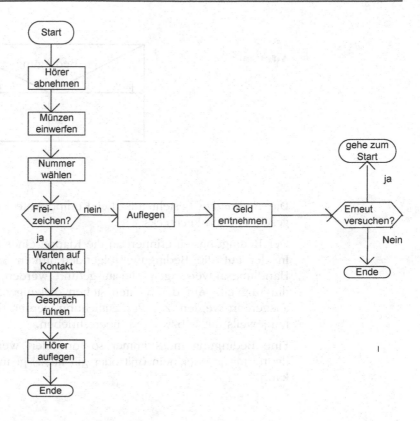

Abb. 1.1 Das Flussdiagramm "Telefonieren"

Struktogramme   Struktogramme wurden 1973 gemeinsam von I. Nassi und B. Shneidermann im Rahmen der **strukturierten Programmierung** entwickelt. Sie werden daher auch häufig nach dem Namen ihrer Entwickler als Nassi-Shneiderman-Diagramme bezeichnet.

Mit ihnen können die im vorigen Kapitel vorgestellten Kontrollstrukturen dargestellt werden.

Sequenz

Die Sequenz wird als eine Aufeinanderfolge von Rechtecken ohne Zwischenräume dargestellt.

Alternative

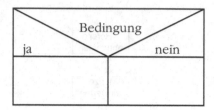

Die Alternative besteht aus drei Komponenten innerhalb eines geschlossenen Rechtecks.

Der Bedingungsteil erinnert an die Klappe eines Briefumschlags. In der auf die Bedingung folgenden linken Seite stehen die Handlungsanweisungen, die ausgeführt werden, wenn die Bedingung gilt. Auf der rechten stehen diejenigen, die ansonsten ausgeführt werden. Zur Verdeutlichung werden die beiden Spalten jeweils mit **ja** bzw. **nein** überschrieben.

Eine Bedingung muss immer so formuliert werden, dass eindeutig mit ja oder nein (gilt oder gilt nicht) geantwortet werden kann.

Wiederholung

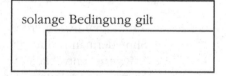

Die Wiederholung wird durch einen eingerückten rechteckigen Kasten beschrieben, in dem die zu wiederholenden Anweisungen aufgeführt werden. Der Bedingungsteil steht in der ersten Zeile des Wiederholkonstrukts[2]. Das Ende des Wiederholteils der Schleife ist dadurch gekennzeichnet, dass die Linie nach der

---

[2] Die hier vorgestellte Schleifenvariante unterstellt eine spezielle Schleifenart. Weitere Schleifen werden in Kapitel drei vorgestellt.

letzten Anweisung des Wiederholteils wieder über die gesamte Breite des Schleifenkonstrukts gezogen wird.

Am Ende des Schleifenwiederholteils springt der Prozessor zum Schleifenkopf und prüft, ob die Bedingung noch erfüllt ist. Wenn ja, durchläuft er ein weiteres Mal die Anweisungen des Schleifenwiederholteils, oder er bricht die Wiederholung ab und springt zur nächsten Anweisung **hinter** dem gesamten Schleifenblock. Dies gehört zum Grundverständnis bei der Entwicklung von Algorithmen.

Zur Verdeutlichung der Funktionsweise einer Schleife wird der Telefonier-Algorithmus im Struktogramm mit der Anweisung "Telefonzelle verlassen" dargestellt.

Beispiel Struktogramm

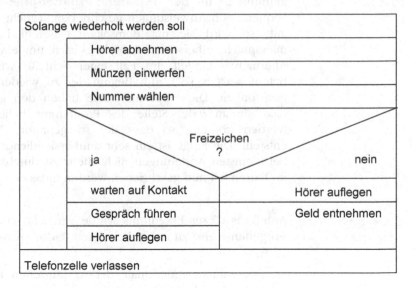

Abb. 1.2 Struktogramm "Telefonieren"

Nun fällt auf, dass in Abb. 1.2 die Bedingung "solange wiederholt werden soll" natürlich nur funktioniert, wenn der Ausführende der Handlungsanweisung über eigene Intelligenz verfügt, und diese Frage selbst entscheiden kann. Außerdem wird diese Prüfung auch dann durchgeführt, wenn der Ausführende sein Gespräch geführt hat. Dies ist logisch betrachtet eine überflüssige Abfrage. Sie wird durchgeführt, um sicherzustellen, dass die Schleife nur an einer Stelle abgebrochen wird, nämlich im Bedingungsteil (Schleifenkopf). Damit wird die Übersichtlichkeit der Programmstruktur gefördert.

1.2.4   Lineare versus strukturierte Programmierung

Das Flussdiagramm in Abb. 1.1 ist intuitiv einfacher zu erlernen als das Struktogramm in Abb. 1.2. Es hat aber den großen Mangel, dass es keine unterschiedlichen Symbole hat für die Bedingungen, die eine Schleife oder eine Alternative einleiten. Dadurch muss aus der **Logik** des Programms erschlossen werden, um welche Kontrollstruktur es sich handelt.

Daher wird auf Basis eines Flussdiagramms häufig **linear** programmiert. In der **linearen Programmierung** wird eine Sequenz von Anweisungen geschrieben. Taucht eine Bedingung auf, so wird sie mit demselben Befehl in die Programmiersprache übersetzt, egal ob es sich um eine Schleife oder Alternative handelt. Im Fall einer Schleife wird mit Sprungbefehlen ("Go To") zum Beginn der zu wiederholenden Stelle gesprungen. Diese Sprungbefehle haben den großen Nachteil, dass sie an jeder Stelle des Programms beliebig angewandt werden können, so dass der so genannte "Spaghetti-Code" entsteht. Die Folge ist ein sehr unübersichtliches Programm, das bei kleinsten Änderungen nicht mehr zu durchschauen ist, und im Extremfall neu geschrieben werden muss.

Strukturierte Programmierung

Auf Basis dieser Erkenntnis wurde versucht, eine systematische Vorgehensweise zu entwickeln, die **strukturierte Programmierung**.

Die wesentlichen Merkmale der strukturierten Programmierung sind im Folgenden aufgeführt.

- Bei größeren Programmen wird bereits das Problem in hierarchische Teilstrukturen zerlegt, so dass auch die Algorithmen in entsprechende Strukturen zerlegt werden können.

- Jede Zerlegungsebene benutzt zur Formulierung von Handlungsanweisungen ausschließlich die Kontrollstrukturen Sequenz, Alternative[3] und Wiederholung.

- Die Verwendung von "Go To" als Sprungbefehl ist zu vermeiden.

Da wir bei der Programmentwicklung die Prinzipien der strukturierten Programmierung nutzen, werden wir Algorithmen mithilfe von Struktogrammen beschreiben. Zu jeder Kontrollstruktur gibt es in den jeweiligen Programmiersprachen die entsprechenden Schlüsselworte.

Übungsaufgabe

Übungsaufgabe 1.2

Erweitern sie das Struktogramm des Algorithmus "Telefonieren" so, dass zusätzlich überprüft wird, ob der Telefonapparat auch funktionsfähig ist. Wählen Sie die passende Kontrollstruktur.

1.2.5 Algorithmenentwurf mit Variablen

Wir befassen uns nun mit der Entwicklung von Handlungsanweisungen, die sich an den Computer als Ausführenden dieser Handlungsanweisungen richten.

Hierzu müssen wir uns im ersten Schritt damit auseinandersetzen, welche Elementaroperationen der Computer "versteht".

Zur Erarbeitung dieser Elementaroperationen wählen wir ein einfaches Beispiel, zu dem wir einen Algorithmus schrittweise entwickeln. Das Ziel ist es, dass er in einer Form vorliegt, in der wir ihn ohne weitere konzeptionelle Überlegungen im zweiten Kapitel in ein Programm umsetzen können.

---

[3] Eine weitere Formulierungsmöglichkeit ist die Auswahl, eine Erweiterung der Alternative. Sie wird in Kapitel drei eingeführt.

**Problemdefinition
Addition von 3
Zahlen**

Das Problem lautet

"Addiere 3 Zahlen und gebe die Summe aus".

Ausführlich beschrieben heißt unsere Problemdefinition, dass der Anwender drei frei wählbare (der Einfachheit halber ganze) Zahlen eingibt. Das gewünschte Ausgabedatum ist die Summe dieser Zahlen.

Im weiteren Verlauf haben wir es mit **zwei Kategorien von Computernutzern** zu tun.

- Der **Programmentwickler** formuliert einen Algorithmus für den Computer bzw. für den Prozessor.

- Der **Anwender oder Benutzer** ist derjenige, der mit dem fertig geschriebenen Programm arbeitet.

**1.
Lösungsvorschlag**

| Lese eine Zahl ein |
| Merke die eingelesene Zahl |
| Lese eine Zahl ein |
| Addiere sie zu den bisher eingelesenen Zahlen hinzu |
| Lese eine Zahl ein |
| Addiere sie zu den bisher eingelesenen Zahlen hinzu |
| Gebe die berechnete Summe aus |

Abb. 1.3 1.Lösungsvorschlag "Addition von 3 Zahlen"

Welche **Elementaroperationen** sind bei dieser Formulierung bereits unterstellt?

1. Die Ein- und Ausgabeoperation

2. Die Addition; in den von uns verwendeten Programmiersprachen können wir grundsätzlich davon ausgehen, dass arithmetische[4] Operationen bekannt sind.

Nun fällt auf, dass die Aufforderung "lese eine Zahl ein" sich genau drei mal wiederholt. Auch die Anweisung "addiere sie zu

---

[4] Addition, Subtraktion, Multiplikation, Division

den bisher eingelesenen Zahlen hinzu" wiederholt sich zweimal. Lediglich beim ersten Mal, "merke die eingelesene Zahl", sieht sie etwas anders aus.

Wäre diese Anweisung identisch mit den übrigen beiden, so könnten wir hier die Schleife als Kontrollstruktur nutzen und auf diese Weise den Algorithmus wesentlich verkürzen.

Gehen wir davon aus, dass im ersten Schleifendurchlauf das Ergebnis der bisher addierten Zahlen gleich 0 ist, so können wir auch hier dieselbe Anweisung nutzen wie für die folgenden eingelesenen Zahlen.

Damit haben wir die Voraussetzung für die Nutzung der Schleife geschaffen. Wir können den Bedingungs- und den Wiederholteil formulieren.

**2.
Lösungsvorschlag**

Solange noch nicht 3 Zahlen addiert sind
Lese eine Zahl ein
Addiere sie zu den bisher eingelesenen Zahlen hinzu
Gebe die berechnete Summe aus

Abb. 1.4 2.Lösungsvorschlag "Addition von 3 Zahlen"

Bereits hier ist eine weitere Elementaroperation unterstellt,

    3.   die logische Operation.

Der Rechner muss Vergleiche anstellen können, die eindeutig mit ja oder nein (eine Bedingung gilt oder gilt nicht) beantwortet werden können. Ansonsten wären unsere Kontrollstrukturen Alternative und Schleife nicht nutzbar.

Mit der Bedingung "solange noch nicht 3 Zahlen addiert sind" kann der Rechner in **dieser** Formulierung wenig anfangen. Woher soll er wissen, wie viele Zahlen bisher addiert wurden, um zu entscheiden, ob es drei sind?

D. h. umgekehrt, er muss sich merken können, wie viele Zahlen bisher addiert wurden.

An einer weiteren Stelle fällt diese Unzulänglichkeit auf. Er braucht eine Möglichkeit, sich die Summe der bisher eingelesenen Zahlen zu merken.

Variable

Solche Informationen werden in **Variablen** gespeichert. Variable sind ein durch ihren Namen ansprechbares Stück Speicherplatz, auf dem Werte abgelegt werden können. Der Name der Variablen wird vom Programmierer vergeben. Man kann sie sich mit dem Bild einer Schublade verdeutlichen, auf die ein Etikett geklebt wird (der Name der Variable) und in die genau ein Wert hineinpasst.

Für die bessere Lesbarkeit ist es besonders wichtig, auf eine **mnemonische** Namensvergabe zu achten, d. h. Namen zu wählen, die **gedächtnisunterstützend** sind.

Wie bekommen Variable nun einen Wert zugewiesen? Dies geschieht durch

- eine Eingabeoperation oder
- eine Zuweisung.

Eine Eingabeoperation haben wir bereits erwähnt. Eine Zuweisung wird häufig mit dem "=" beschrieben, z. B.

$$Zahl = 5$$

Hierbei ist zu beachten, dass der Rechner eine solche Anweisung immer von rechts nach links bearbeitet.

Er berechnet den Wert auf der rechten Seite des Gleichheitszeichens und legt ihn in der Variablen ab, deren Name auf der linken Seite angegeben ist.

Mit unserem Bild der Schublade beschrieben heißt die Zuweisung, dass der Rechner die **5** in die Schublade mit dem Etikett "Zahl" ablegt.

Da eine Variable genau **einen** Wert beinhalten kann, verschwindet bei einer Zuweisung der bisherige Wert der Variablen und ist nicht mehr zugreifbar. Wählen wir z. B. als Folgeanweisung der obigen

$$Zahl = 5 + 20 ,$$

so wird wiederum der Ausdruck auf der rechten Seite ausgewertet und das Ergebnis **25** der Variablen "Zahl" zugewiesen. Die **5** wird überschrieben, d. h. sie existiert nicht mehr.

Wie wir in diesem Beispiel sehen, können auch komplexere Ausdrücke auf der rechten Seite einer Zuweisung stehen. Sie können wiederum Variablen enthalten

Zahl = Zahl * 2

In diesem Fall wird der Inhalt der Variablen "Zahl", 25 mit 2 multipliziert und das Resultat der Berechnung, d. h. der Wert 50 der Variablen "Zahl" zugewiesen.

Alle Informationen, die in Programmen verarbeitet werden, müssen in Variablen gespeichert werden. Damit haben wir unsere vierte und letzte Elementaroperation erarbeitet, die zur Formulierung von Algorithmen notwendig ist

4. die Wertzuweisung an Variable

Die 4 Elementar-operationen

Zusammenfassend können wir vier Elementaroperationen festhalten

1. Ein- und Ausgabeoperationen

2. arithmetische Operationen

3. logische Operationen

4. Wertzuweisung an Variable

Welche Variablen brauchen wir nun zur Formulierung unseres Algorithmus?

Verwendungszweck der Variablen	Variablenname
um eine einzulesende Zahl abzuspeichern	Zahl
um die Summe der addierten Zahlen zu merken	Summe
um die Anzahl der addierten Zahlen zu merken	Zaehler

Abb. 1.5 Variablen für den Algorithmus "Addition"

Wir können unseren Algorithmus nun mit Hilfe der in Abb. 1.5 aufgelisteten Variablen formulieren.

**3.
Lösungsvorschlag**

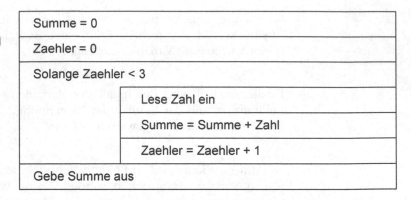

Summe = 0	
Zaehler = 0	
Solange Zaehler < 3	
	Lese Zahl ein
	Summe = Summe + Zahl
	Zaehler = Zaehler + 1
Gebe Summe aus	

Abb. 1.6 3.Lösungsvorschlag "Addition von 3 Zahlen"

Damit wir in Abb. 1.6 im ersten Schleifendurchlauf bei den Anweisungen "Summe = Summe + Zahl" und "Zaehler = Zaehler + 1" einen definierten Anfangswert der Variablen haben, weisen wir ihnen **vor** der Schleife jeweils 0 zu. Dies entspricht zwar in den meisten Programmiersprachen dem Standardwert einer numerischen Variablen, für die Nachvollziehbarkeit ist die explizite Anfangswertzuweisung jedoch hilfreich.

In den folgenden Schleifendurchläufen wird dann der im letzten Schleifendurchlauf berechnete Wert der "Summe" zur Addition hinzugezogen.

Für den Vergleich sind in nahezu allen Programmiersprachen die üblichen bool'schen Operatoren erlaubt, wie sie in Abb. 1.7 dargestellt sind.

**Vergleichs-
operatoren**

=	Gleich
<>	Ungleich
<	Kleiner
<=	kleiner oder gleich
>	größer
>=	größer oder gleich

Abb. 1.7 Vergleichsoperatoren

Es gibt auch die Möglichkeit, mehrere Bedingungen im Bedingungsteil der Alternative und der Schleife miteinander zu verknüpfen. Dies geschieht mit den logischen Verknüpfungen **and** und **or**. Damit der gesamte Ausdruck mit "ja" beantwortet werden kann, gelten die in Abb. 1.8 beschriebenen Regeln.

and	beide Bedingungen müssen gelten
or	eine von beiden Bedingungen muss gelten

Abb. 1.8 häufige logische Verknüpfungen

Die Schleifenbedingung

Die richtige Formulierung des Bedingungsteils der Schleife ist nicht unproblematisch.

Schreibtischtest

Bricht der Algorithmus mit der Formulierung "Zaehler < 3" oder "Zaehler <= 3" richtig ab? Hier hilft der "Schreibtischtest", das manuelle Durchspielen des Algorithmus. Grundsätzlich sollten dabei die Wertebelegungen für den ersten und den letzten Schleifendurchlauf geprüft werden.

In Abb. 1.9 wird die Abarbeitung der Handlungsanweisungen durch die CPU simuliert, indem für jeden Schleifendurchlauf die Wertebelegung der Variablen aufgezeigt wird.

Wir spielen den Fall durch, dass die Zahlen 3, 6 und 2 vom Anwender eingegeben werden.

	Zahl	Summe	Zaehler
vor dem ersten Durchlauf		0	0
1. Schleifendurchlauf	3	3	1
2. Schleifendurchlauf	6	9	2
3. Schleifendurchlauf	2	11	3

Abb. 1.9 Wertebelegung der Variablen

Sind damit nicht alle Fehler behoben, stehen für das Testen solcher Bedingungen bei der Implementierung des Programms weitere Hilfen zur Verfügung (siehe Kapitel 2.2.4 Das Testen von Programmen).

Hinweis Algorith-menformulierung

Für die Formulierung und den Nachvollzug von Algorithmen werden abschließend nochmals die wichtigsten Punkte zusammengefasst.

- Eine Variable verliert ihren vorherigen Wert, sobald sie einen neuen Wert zugewiesen bekommt.

- Die Auswertung eines Ausdrucks erfolgt von rechts nach links.

- Am Ende des Schleifenwiederholteils wird jedes Mal zum Schleifenkopf gesprungen. Gilt die Bedingung des Schleifenkopfes nicht mehr, ist in unserem Beispiel der Inhalt der Variablen "Zaehler" nicht mehr "< 3", so bricht die Wiederholung ab, und es wird zur nächsten Anweisung **nach** der gesamten Schleife gesprungen; in diesem Fall zur Ausgabeanweisung.

Übungsaufgabe

Übungsaufgabe 1.3

a. Erweitern Sie den Algorithmus so, dass nur positive Zahlen addiert werden. Wird eine negative Zahl eingegeben, soll weder der Zähler erhöht noch die Addition durchgeführt werden. Stellen Sie Ihre Lösung im Struktogramm dar.

b. Der Benutzer gibt einen Nettobetrag und einen zugehörigen Steuersatz ein. Bei der Eingabe eines Steuersatzes von 7 oder 16 sollte das Programm den Bruttobetrag berechnen und ausgeben. Wird keiner der beiden Steuersätze eingegeben, erscheint eine Fehlermeldung, etwa "falscher Steuersatz, Berechnung nicht möglich". Erstellen Sie ein Struktogramm.

2 Die Implementierung von Programmen

Wir haben nun einen Algorithmus mithilfe von Elementaroperationen vollständig beschrieben. Der nächste Schritt besteht in der Erstellung des Programms.

Die Logik der Handlungsanweisungen ist vollständig entwickelt. Nun folgt die Umsetzung des Algorithmus in die gewünschte Programmiersprache, in unserem Fall in Visual Basic.

Dieser Schritt ist zu vergleichen mit der Übersetzung z. B. eines Kochrezepts in eine andere Sprache. Wir sind hier nicht mehr als **Koch**experte, sondern vielmehr als Spezialist der **Sprache**, in die übersetzt werden soll, gefragt. Die Vorgehensweise, *wie* man etwas kocht, liegt uns ja als Rezept, als Algorithmus bereits vor.

Programm

Unter einem **Programm** verstehen wir einen in eine Programmiersprache übersetzten Algorithmus.

Implementierung

Die nun folgenden Schritte,

- die Umsetzung des Algorithmus in eine Programmiersprache und

- die Erzeugung eines lauffähigen, d. h. von der CPU ausführbaren Programms auf dem Computer

werden als **Implementierung** oder die **Implementierungsphase** bezeichnet. Sie ist Gegenstand dieses Kapitels.

2.1 Umsetzung des Algorithmus in Visual Basic Anweisungen

Zur Verständlichkeit des Buches

Zur Verdeutlichung werden alle **Schlüsselworte**, also Worte mit einer festen Bedeutung in Visual Basic, durch Fettdruck gekennzeichnet. In den folgenden Abschnitten und Kapiteln werden dann jeweils die **neu** eingeführten Schlüsselworte hervorgehoben. Dies dient der Verständlichkeit innerhalb des Buches. Bei der Eingabe in den Computer werden die Schlüsselworte automatisch farblich abgehoben und in genormter Groß-Kleinschreibung dargestellt (näheres hierzu in Abschnitt 2.2.3).

Jedes Programm beginnt mit einem Programmkopf und endet mit dem zugehörigen Schlüsselwort.

Programmrah-
men

```
Public Function Programmname ()
.
.
.
.
.
End Function
```

Die Bedeutung des Schlüsselwortes **Public** wird im vierten Kapitel näher erläutert.

Wir beziehen uns auf diesen Programmkopf, da er in allen drei Versionen eingesetzt werden kann. In VBA ist diese Programmdeklaration die einzige Möglichkeit, Programme ohne Anbindung an Formulare oder andere grafische Oberflächen zu nutzen.

Bei der Eingabe des Programmkopfs wird automatisch das Schlüsselwort **End Function** hinzugefügt.

Visual Basic sieht - wie nahezu alle Programmiersprachen - die Möglichkeit vor, das Programm in zwei Teile zu untergliedern

- den Deklarations- und
- den Anweisungsteil.

2.1.1   Der Deklarationsteil

Im Deklarationsteil gibt der Programmierer an, welche **Variablen** und **Konstanten** er im Programm verwenden möchte.

Dieser Teil ist in Visual Basic leider nicht zwingend erforderlich, sollte aber in jedem Fall eingehalten werden, da er für die Lesbarkeit der Programme nahezu unerlässlich ist.

Konstanten sind Namen, denen zu Beginn des Programms ein fester Wert zugewiesen wird, der nicht veränderbar ist. Möchte man z. B. an verschiedenen Stellen im Programm die Mehrwertsteuer auf Beträge aufschlagen, so empfiehlt es sich, diese als Konstante zu deklarieren.

Konstanten-
deklaration

```
Const Mehrwert = 16
```

Auf diese Weise wird

1. das Programm besser lesbar und

2. die Änderbarkeit von Programmen wesentlich erleichtert. Es muss lediglich die Konstantendeklaration geändert werden, und schon wird an allen Stellen im Programm mit dem aktualisierten Wert weitergerechnet. Ohne Konstante müsste das gesamte Programm daraufhin untersucht werden, an welcher Stelle in unserem Beispiel die *16* zu ändern ist.

Die allgemeine Form lautet

```
Const Konstantennamen = Wert
```

Anstelle eines einfachen Werts kann auch ein Ausdruck mit arithmetischen Operationen angegeben werden, z. B.

```
Const Mehrwert = 16/100
```

Variablen-
deklaration

Zur Deklaration einer **Variablen** gehört die Angabe des Namens. Hier sind bestimmte Konventionen einzuhalten. Der Variablenname muss

- eindeutig sein, d. h. keine Mehrfachvergabe des gleichen Namens,

- mit einem Buchstaben beginnen,

- aus maximal 256 Zeichen bestehen,

- ohne Leerzeichen, Punkte oder andere Sonderzeichen gebildet werden. Eine Ausnahme bildet der Unterstrich "_".

Diese Vorschriften müssen auch bei allen anderen Namensvergaben, z. B. Konstanten oder Programmnamen eingehalten werden.

Neben dem Namen gehört zur Deklaration die Festlegung eines **Datentyps.**

Datentyp

Ein **Datentyp** beschreibt die Art der Werte einer Variablen und ihren Wertebereich.

Visual Basic kennt eine ganze Anzahl von Datentypen, die teilweise sehr spezifisch für die Programmierung z. B. grafischer Oberflächen oder Datenbanken genutzt werden können.

Grundsätzlich können wir zwischen zwei Gruppen von Datentypen unterscheiden, den einfachen und zusammengesetzten. Auf letztere wird in Kapitel fünf ausführlich eingegangen.

Datentypen in VB

Im Folgenden werden die am häufigsten verwendeten Datentypen vorgestellt. In Klammern hinter den Datentypen stehen die in Visual Basic möglichen Kurzbezeichnungen dieser Datentypen

- **Byte**

  Dies ist ein Variablentyp, der ganze Zahlen von 0 bis 255 beinhalten kann. Er ist sehr sparsam in Bezug auf den benötigten Speicherplatz. Er braucht genau 1 Byte;

- **Integer** (%)

  die Wertemenge sind die ganzen Zahlen zwischen -32768 und +32767;

- **Long** (&)

  die Wertemenge sind ebenfalls ganze Zahlen. Sie können hier zwischen -2.147.483.648 und +2.147.483.647 liegen;

- **Single** (!)

  der Wertebereich umfasst Dezimalzahlen mit einer sechsstelligen Genauigkeit;

- **Double** (#)

  der Wertebereich umfasst Dezimalzahlen mit einer vierzehnstelligen Genauigkeit;

- **String** ($)

  der Wertebereich umfasst alle alphanumerischen Zeichen, d. h. alle Zeichen des ASCII-Codes[5]. Arithmetische Operationen sind mit den Inhalten solcher Variablen allerdings **nicht** möglich. Es stehen

---

[5] Dazu gehören Groß- und Kleinbuchstaben, Ziffern und Sonderzeichen wie ?,! usw.

	Operationen zur Arbeit mit Zeichenketten zur Verfügung.
• **Boolean**	Der Wertebereich besteht aus den beiden Werten **True** und **False**. Ein Kurzzeichen gibt es nicht
• **Date**	Variablen dieses Typs können Werte vom 1.1.100 bis 31.12.9999 beinhalten.
• **Object**	Mit diesem Datentyp können Objekt-Variablen deklariert werden. Näheres hierzu siehe Kapitel sieben.
• **Variant**	Dieser Datentyp wird unterstellt, wenn eine Variable nicht explizit deklariert wurde. Ein Kurzzeichen steht nicht zur Verfügung. Da die Verwendung von Variablen ohne Deklaration schnell zu Fehlern und zu starker Unübersichtlichkeit führt, sollte er nur in speziellen Ausnahmefällen genutzt werden[6].

Mit der Festlegung des Datentyps einer Variablen sind auch bestimmte Operationen verbunden. So können z. B. mit Variablen vom Typ **Integer**, **Single** oder **Double** alle arithmetischen Operationen durchgeführt werden und mit solchen vom Typ **String** nicht. Mit ihnen kann z. B. die Konkatenation, die Aneinanderreihung von Zeichenketten als eine mögliche Operation erfolgen.

Es stehen eine Reihe von Standardfunktionen in VB zur Verfügung, die auf Variablen der jeweiligen Datentypen anzuwenden sind. Z. B. die Funktion **Abs** zur Berechnung des Absolutwerts einer Zahl oder eine Funktion zur Umwandlung von Werten einer String-Variablen von Klein- in Großbuchstaben usw. Diese Funktionen werden in Abschnitt 4.1.1 erläutert.

---

[6] In einigen Anwendungen kann dieser Datentyp sinnvoll zur Kontrolle von Benutzereingaben verwendet werden, um Fehler bei Eingabe falscher Datentypen zu verhindern.

Eingeleitet wird die Variablendeklaration mit dem Schlüsselwort **Dim**., es steht für "Dimension". In der Langform wird der Datentyp mit **As** zugewiesen

    `Dim Zahl As Integer, Summe As Integer`

In der Kurzform wird lediglich das Zeichen hinter die Variable geschrieben

    `Dim Zahl%, Summe%`

Die allgemeine Form hat folgenden Aufbau

    `Dim Variablenname As Datentyp`

oder

    `Dim VariablennameDatentypkurzbezeichnung`

In Visual Basic müssen - im Unterschied zu vielen anderen Sprachen - auch mehrere Variablen **desselben** Datentyps einzeln, durch Kommata voneinander getrennt, vollständig beschrieben werden.

Weitere Merkmale sind
- Jede neue Zeile einer Variablendeklaration wird wiederum mit **Dim** eingeleitet.
- Innerhalb einer Zeile können auch Variablen mit unterschiedlichen Datentypen deklariert werden, z. B.

    `Dim Zahl As Integer, Nachname As String`

    oder

    `Dim Zahl%, Ergebnis!, Nachname$`

Für unseren Algorithmus "Addition" sieht das Programm bisher folgendermaßen aus

```
Public Function Addition ()

Dim Zahl As Integer, Zaehler As Integer
Dim Summe As Integer
    .
    .
    .
End Function
```

2.1.2   Der Anweisungsteil

Eine Zuweisung kann in Visual Basic direkt aus dem Struktogramm übernommen werden, z. B.

```
Zaehler = 0
```

Sequenz

Eine Anweisung wird durch den Zeilenumbruch abgeschlossen. D. h. die Sequenz wird durch das Untereinanderschreiben von Anweisungen in jeweils eigene Zeilen dargestellt.

```
Zaehler = 0
Summe = 0
```

Fortsetzungs-zeichen

Möchte der Programmierer eine Anweisung über mehr als eine Zeile schreiben, wird das Fortsetzungzeichen "_" vor dem Zeilenumbruch verwendet.

Schleife

Im Algorithmus folgt nun die Schleife. Die bisher eingeführte Schleifenform entspricht der **While**-Schleife in VB.

```
While Bedingung gilt
    .
    .Wiederholteil
    .
Wend
```

Der Schleifenkopf wird mit dem Zeilenumbruch beendet. Die darauf folgenden Anweisungen gehören solange zum Schleifenwiederholteil, bis das Ende der Schleife mit **Wend** erscheint. An dieser Stelle springt der Prozessor dann wieder hoch zum Schleifen-kopf.

Für die Schleife in unserem Additionsalgorithmus bedeutet dies

```
While Zaehler < 3
      lese Zahl ein
      Summe = Summe + Zahl
      Zaehler = Zaehler +1
Wend
```

Ein- Ausgabe-anweisungen

Zur vollständigen Formulierung fehlt noch die Übersetzung der Ein- und Ausgabeanweisungen.

Die Eingabe und Ausgabe kann in den verschiedenen Visual Basic-Versionen unterschiedlich erfolgen. Eine Möglichkeit, ein bereits vorgefertigtes Fenster für die Datenein- und -ausgabe zu nutzen, existiert in allen Versionen und wird daher hier vorgestellt.

InputBox

Die **InputBox** ist ein von VB zur Verfügung gestellter Befehl, mit dem ein Standard-Fenster zur Dateneingabe genutzt werden kann. Die InputBox wird adäquat zur Zuweisung angewandt

```
Variablenname = InputBox("Text1", "Text2")
```

Text1 :   Die Eingabeaufforderung für den Benutzer;

Text2 :   Der Titel des Eingabefensters.

Beide Texte müssen in Anführungszeichen gesetzt werden.

Während der Ausführung des Programms wird an dieser Stelle ein Fenster (eine Eingabe-Box) auf dem Bildschirm geöffnet. Der in Anführungszeichen geschriebene "Text1" erscheint, und der Cursor steht in einem Eingabefeld und wartet auf die Eingabe des Anwenders. "Text2", der Titel des Eingabefensters, ist optional.

Hat der Benutzer einen Wert eingegeben, wird dieser der auf der linken Seite stehenden Variablen zugewiesen.

Im Beispiel "Addition" wird der eingelesene Wert der Variablen "Zahl" zugewiesen

```
Zahl = InputBox("Bitte Zahl eingeben")
```

MsgBox

Entsprechend erfolgt die Ausgabe durch die Erzeugung einer Message-Box auf dem Bildschirm.

```
MsgBox ("Text")
```

Häufig ist es sinnvoll, sowohl Text als auch Werte von Variablen in einem Fenster anzeigen zu lassen. Beide Ausgabearten werden mit dem **&** aneinandergereiht.

```
Msgbox ("Text" & Variablenname)
```

Im Anschluss an den Text wird der Wert der Variablen ausgegeben. In unserem Beispiel könnte die Ausgabe folgenden Aufbau haben.

```
MsgBox ("Die Summe der Zahlen ist " & Summe)
```

Text und Variablen können in beliebiger Reihenfolge innerhalb einer Message-Box erscheinen.

```
MsgBox ("Die Summe der " & Zaehler &
                   " Zahlen ist " & Summe)
```

Im Ausgabefenster auf dem Bildschirm erscheint

Die Summe der 3 Zahlen ist 11.

Hinweis Ausgabe

Visual Basic erwartet vor und nach dem **&** jeweils ein Leerzeichen.

E /A-Fortsetzungs-zeichen

Geht die Meldung einer Ein- oder Ausgabe über eine Zeile hinaus, so ist das Zeichen "**&**" in Verbindung mit dem Fortsetzungszeichen "**_**" zu verwenden.

```
MsgBox("Dies ist die Berechung von" & _
                   "drei Zahlen")
```

Hinweis fürs Verständnis des Buches

Viele der längeren Visual Basic-Befehle, hierzu zählen besonders die Ausgabeanweisungen, passen nicht in eine Zeile dieses Buches. Daher wird im Buchtext der Zeilenumbruch ohne das Fortsetzungszeichen vorgenommen, da die Programmtexte ansonsten schwieriger nachzuvollziehen sind. Im Editor (siehe nächsten Abschnitt) steht eine wesentlich breiterer Eingabezeile zur Verfügung.

Die oben angeführte Ausgabeanweisung

```
MsgBox ("Die Summe der " & zaehler &
                    " Zahlen ist " & Summe)
```

müsste also bei der tatsächlichen Eingabe in den Rechner in **eine Zeile** oder mit dem Fortsetzungszeichen geschrieben werden.

Damit haben wir alle Befehle, die notwendig sind, um den Algorithmus vollständig in Visual Basic übersetzen zu können. Fassen wir alle Teilabschnitte noch einmal zusammen.

Das Programm "Addition"

```
Public Function Addition ()

Dim Zahl as Integer, Zaehler as Integer
Dim Summe as Integer

Zaehler = 0
Summe = 0

While Zaehler < 3
      Zahl = InputBox("Bitte Zahl eingeben")
      Summe = Summe + Zahl
      Zaehler = Zaehler +1
Wend

MsgBox("Die Summe ist:" & Summe)

End Function
```

Die Anweisungen des Schleifenwiederholteils sind eingerückt, um Anfang und Ende der Schleife deutlich hervorzuheben. Dies ist keine Vorschrift von Visual Basic. Es dient lediglich der Überschaubarkeit von Programmen und sollte bei der Programmierung auf jeden Fall berücksichtigt werden.

Alternative

Die Kontrollstrukturen Sequenz und Wiederholung kommen im Beispielalgorithmus vor, ihre Umsetzungen in Visual Basic wurden daher erläutert. Es fehlt die Alternative.

Addition von 3 Zahlen > 0

Nehmen wir an, wir möchten den Algorithmus so erweitern, dass nur positive Zahlen addiert werden. Für alle anderen sollte eine Meldung erscheinen, etwa " Zahlen <= 0 werden nicht addiert". Auch der Wert der Variablen "Zaehler" sollte in diesem Fall nicht erhöht werden, so dass bei der Eingabe von zwei negativen Zahlen oder von 0 die Schleife fünfmal durchlaufen wird.

Im ersten Schritt wird diese Änderung im Struktogramm in Abb. 2.1 erfasst.

Struktogramm Addition von 3 Zahlen > 0

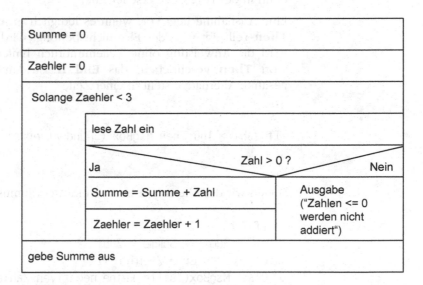

Abb. 2.1 Struktogramm "Addition von 3 Zahlen > 0"

Wie in Abb. 2.1 erkennbar, durchläuft der Rechner bei zwei negativen Zahlen bzw. bei 0 zweimal den **nein**- und dreimal den **ja**-Teil der Alternative. Zur Umsetzung in Visual Basic fehlen die Schlüsselworte zur Beschreibung der Alternative

```
If Bedingung Then
        Anweisungen, die ausgeführt werden, wenn die
        Bedingung gilt
Else:   Anweisungen, die ansonsten ausgeführt werden
End If
```

Alle Anweisungen des **ja**-Teils im Struktogramm entsprechen denen des **Then**-Zweigs, alle des **nein**-Teils entsprechen denen des **Else**-Zweigs. Die Alternative wird mit dem Schlüsselwort **End If** abgeschlossen.

Der **Else**-Zweig wird vom Interpreter automatisch mit dem Doppelpunkt versehen, er muss vom Programmierer nicht eingetippt werden. Liegen keine Anweisungen für den **Else**-Teil vor, kann er vollständig entfallen.

Hinweis If..Then

Visual Basic erwartet, dass **Then** in derselben Zeile, in der auch die Bedingung steht, die zugehörigen Anweisungen müssen dann in der Folgezeile erscheinen.

Eine Ausnahme liegt vor, wenn es lediglich **eine** Anweisung im **Then**-Teil gibt **und** der Else nicht benötigt wird. In diesem Fall wird die Anweisung ohne Zeilenumbruch hinter das Schlüsselwort **Then** geschrieben, das **End If** ist damit unnötig. Die gesamte Alternative steht in einer Zeile

```
        .

        .
If Zahl > 100 Then MsgBox ("Hundert erreicht")
        .

        .
```

Setzen wir die Alternative in unserem Algorithmus um.

```
If Zahl >= 0 Then
        Summe = Summe + Zahl
        Zaehler = Zaehler +1
Else MsgBox("Bitte keine negativen Zahlen")
End If
```

Das Programm kann nun inkl. Alternative vollständig dargestellt werden.

**Das Programm
"Addition von 3
Zahlen > 0"**

```
Public Function Addition ()

Dim Zahl as Integer, Zaehler as Integer
Dim Summe as Integer

Zaehler = 0
Summe = 0
While Zaehler < 3

    Zahl = InpuBox("Bitte Zahl eingeben")
    If Zahl > 0 Then
            Summe = Summe + Zahl
            Zaehler = Zaehler +1
    Else: MsgBox("bitte keine negativen Zahlen")
    End If

Wend

MsgBox("Die Summe ist:" & Summe)

End Function
```

2.2   Die Entwicklungsumgebung in Visual Basic

2.2.1   Die Eingabe des Programms

Im nächsten Schritt sehen wir uns die Softwareumgebung an, in der **Visual Basic**-Programme in den Rechner eingegeben werden. Die einfachste Art (ohne zusätzliche Software) ist die Nutzung der VBA-Entwicklungsumgebung.

**Einstieg über
Word und Excel**

Sie kann über WORD und Excel in der Menüleiste über "Ansicht" und dem Anzeigen des Pull-down-Menüs unter dem (rechts in der Symbolleiste befindlichen) Symbol "Makros" aufgerufen werden.

Daraufhin wird die Option "Makros anzeigen" ausgewählt. Es erscheint ein Fenster , in dem ein Name des Makros (in diesem Fall identisch mit Programmname) vergeben und der Button "Erstellen" betätigt wird.

Einstieg VB und VB.Net

Der Visual Basic 6.0 und Visual Basic.Net Editor werden je nach Organisation des Rechners über die Start-Taste aktiviert.

Da VBA-Anwendungen häufig für die Implementierung von Datenbanken eingesetzt werden, wird hier der **Einstieg** in die Entwicklungsumgebung aus Access heraus erläutert. Die **Entwicklungsumgebung** selbst ist in allen drei Versionen weitgehend identisch.

Einstieg über Access

Für den Einstieg über die Datenbanksoftware ist ein Basiswissen über Datenbanken (DB) nicht vorausgesetzt. Die Implementierung von Visual Basic-Programmen kann als eigenständiger Teil in Access betrachtet werden. Wird Access aufgerufen, kann wie in Abb. 2.2 dargestellt, in der obersten Zeile der Button "Leere Datenbank" angeklickt werden. Daraufhin wird im rechten Teil des Bildschirms der gewünschte Datenbankname, z.B. "VBAProgramme" in das vorgesehene Eingabefeld getippt und - falls gewünscht - über den geöffneten Ordner rechts daneben der Speicherort bestimmt.

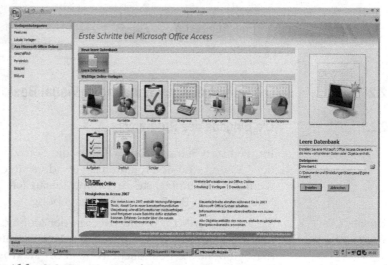

Abb. 2.2 Einstiegsmaske in Access

Darauf erscheint das Datenbankeinstiegsfenster, wie es in Abb. 2.3 dargestellt ist. Erscheint unterhalb der Menüleiste die Sicherheitswarnung "bestimmte Inhalte der Datenbank wurden deaktiviert", so klicken Sie auf das angefügte Button "Optionen..". Wählen Sie hier die Option "Diesen Inhalt aktivieren", da ansonsten Programmcode nicht ausgeführt wird.

**Einstieg in die
Datenbank**

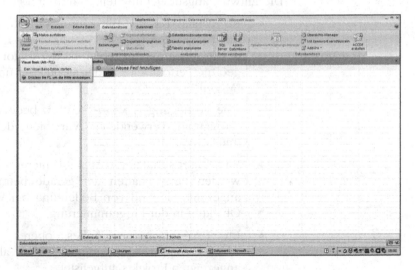

Abb. 2.3 DB-Hauptfenster zum Einstieg in VBA

Durch Klicken auf den Menüpunkt "Datenbanktools" in der
oberen Leiste wird am linken Rand der Symbolleiste das Symbol
"Visual Basic" angezeigt. Durch Klicken auf dieses Icon gelangen
wir in die für uns relevante **Entwicklungsumgebung** von Visual
Basic-Programmen. Sie ist in Abb. 2.4 dargestellt.

Der Editor

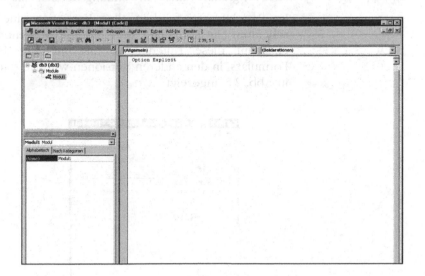

Abb. 2.4 Die Entwicklungsumgebung in VBA

Die Entwicklungsumgebung teilt sich in drei Fenster.

- Im rechten Teil des Bildschirms in Abb. 2.4 befindet sich das Eingabefenster, der **Visual Basic-Editor**. Hier wird das Programm eingegeben. Ist der Editor zu Beginn nicht geöffnet, erfolgt dies in der Menüleiste über "Einfügen" --- "Modul".

  Die Festlegung **Option Explicit** bedeutet, dass alle im Programm verwendeten Variablen deklariert werden müssen.

- Im **Eigenschaftenfenster** (unteres linkes Fenster) werden Eigenschaften der gerade betrachteten Module angezeigt. Sie sind von Bedeutung bei Verwendung von Objekten in der Programmierung.

- Im **Projektfenster** (linkes oberes Fenster), meist **Projekt-Explorer** genannt, werden alle Module des angezeigten Projekts aufgelistet.

Bei der Arbeit mit VBA über Access enthält das Projekt die Menge aller Module der geöffneten Datenbank.

Arbeit mit VB und VB.Net

In Visual Basic und Visual Basic.Net fasst ein Projekt die Menge aller Programme eines Anwendungsbereichs zusammen.

Im Projektfenster wird in allen Versionen eine weitere Unterscheidung in Formulare und Module vorgenommen. In VBA erscheint diese Unterteilung erst mit der Erstellung eines Formulars, in den anderen Versionen wird sie standardmäßig wie in Abb. 2.5 angezeigt.

Abb. 2.5 Projekt-Explorer mit "Forms"

Formulare

Mit **Formularen**, auch **Forms** genannt, werden Benutzeroberflächen erstellt. Unter einer Benutzeroberfläche wird der Bildschirmaufbau verstanden, über den der Anwender mit einem Programm arbeitet. D. h. der Anwender nutzt Programme über ein Formular. Zur ergonomischen[7] Gestaltung von Formularen stehen zahlreiche Entwicklungstools zur Verfügung, auf die wir in Kapitel acht im Rahmen der ereignisorientierten Programmierung ausführlich eingehen werden.

In VBA werden Formulare, wie in Abb. 2.5 dargestellt, im Ordner "Microsoft Access Klassenobjekte" gespeichert. In allen anderen Versionen werden sie in einem Ordner mit dem Namen "Formulare" abgelegt und standardmäßig mit den Namen Form1, Form2, usw. versehen.

Module

Alle nicht über Formulare eingegebenen Programme werden in **Modulen** gespeichert. Die individuelle Namensvergabe der Module erfolgt automatisch beim Schließen des Fensters oder über die übliche Speicherfunktion. Der Programmierer wird dann aufgefordert anzugeben, ob er das Modul speichern möchte und wenn ja, unter welchem Namen. Standardmäßig werden die Module mit Modul1, Modul2 usw. gekennzeichnet.

Jedes neue Programm wird als eigenständiges Modul eines Projekts angelegt!

Auf diese Weise hat der Programmierer einen Überblick **über** sowie einen einfachen Zugriff **auf** bereits geschriebene Programme.

2.2.2   Übersetzungsprogramme

Ist das Programm eingetippt, so wird es in dieser Form von der CPU nicht verstanden. Es ist noch nicht "ausführbar". Zu diesem Zweck muss es in die so genannte Maschinensprache übersetzt werden. Jede CPU hat ihre eigene Sprache. Ihr Wertebereich besteht aus genau zwei Zeichen, die die beiden möglichen Zu-

---

[7]   Die Wissenschaft von der *Ergonomie* beschäftigt sich mit der Anpassung der Technik an den Menschen. Im Softwarebereich ist damit die leichte Verständlichkeit und Nachvollziehbarkeit von Benutzeroberflächen gemeint.

stände kennzeichnen, **Strom fließt** oder **Strom fließt nicht**. Dargestellt werden diese Zustände, auch Signale genannt, in der Regel durch "0" oder "1". Jeder Befehl an die CPU muss also in eine Folge von Nullen und Einsen übersetzt werden. Diese Aufgabe übernehmen **Übersetzungsprogramme**. Zwei Arten lassen sich unterscheiden

- Compiler und

- Interpreter.

Compiler

Das in Visual Basic (oder einer anderen Sprache) eingetippte Programm entspricht den Eingabedaten des **Compilers**. Ausgabedaten sind die einzelnen Maschinenbefehle der jeweils verwendeten CPU.

Compiler sind sehr aufwendige Programme, die in verschiedenen Phasen bis hin zur Übersetzung in die Maschinensprache arbeiten. Zur Vereinfachung wird die Arbeit des Compilers hier in zwei Schritte unterteilt

- Syntaxcheck

- Übersetzung in die Maschinensprache.

Syntaxfehler

Beim Syntaxcheck prüft der Compiler, ob Verstöße gegen die Regeln der Programmiersprache vorliegen. Ist dies der Fall, gibt er eine Fehlermeldung. Es liegt ein **Syntaxfehler** vor. Der Programmierer muss alle gemeldeten Syntaxfehler beseitigen, da der Compiler sonst nicht in die zweite Phase seiner Arbeit übergehen kann. Auch hier verwenden wir wieder ein stark vereinfachtes Bild der Arbeit des Compilers. Er ersetzt jeden Befehl der Programmiersprache durch eine Menge von Befehlen der Maschinensprache. Damit er den im Programm verwendeten Befehl in seinem "Wörterbuch" findet, muss er syntaktisch korrekt sein. Daher der Syntaxcheck im ersten Schritt.

Quell- und Objektprogramm

Als Resultat der Arbeit des Compilers liegt das Programm nun in zwei Versionen vor.

So wie es eingetippt wurde, als **Quellprogramm** (auch Quellcode oder englisch source code genannt) und in der Maschinensprache, als **Objektprogramm** (Objektcode bzw. object code).

Ist das Programm fehlerfrei, wird bis zu einer möglichen Programmänderung das Quellprogramm nicht mehr benötigt. Dies ist auch rechtlich von nicht unerheblicher Bedeutung. Wird eine

Software gekauft, so erhält man immer das Objektprogramm, da in dieser Version keine Änderungen vorgenommen werden können. Mit dem Quellprogramm könnte hingegen jeder das Programm auf seine Weise weiter entwickeln und verkaufen.

Interpreter

Eine andere Variante von Übersetzungsprogrammen ist der **Interpreter**. Er arbeitet Schritt für Schritt die Programmbefehle ab. Pro Befehl werden folgende Tätigkeiten aufeinander folgend durchgeführt

- Syntaxcheck,

- Übersetzung des Befehls in die Maschinensprache,

- Ausführung des Befehls.

Der große Nachteil besteht darin, dass nach der Ausführung der Maschinencode "vergessen" wird, d. h. das Programm liegt nach Abarbeitung nach wie vor nur in einer Version, dem Quellprogramm vor. BASIC galt lange Zeit als klassische Vertreterin dieser Übersetzungsart, da sie speziell zu Lernzwecken entwickelt wurde. Die Lernenden haben sehr schnell Hinweise auf ihre Fehler bekommen, und konnten die Erfolge ihrer "Programmierkünste" bereits nach dem ersten Befehl überprüfen. Der Interpreter kann nach jedem Befehl aufgerufen werden.

Mit zunehmender Verbreitung und Weiterentwicklung dieser Sprache wurde wegen der deutlichen Nachteile des Interpreters auch ein Compiler entwickelt.

In Visual Basic kommen beide Verfahren zum Einsatz. Bereits beim Eintippen des Programms wird der Programmierer durch rot unterlegten Programmtext auf die fehlerhafte Verwendung von Schlüsselworten hingewiesen. Dies leistet der Interpreter, indem er nach Betätigung der Return-Taste für jeden Befehl den Syntaxcheck durchführt. Das unmittelbare Übersetzen und Ausführen eines Befehls ist jedoch ausgeschaltet.

Anschließend wird das Programm compiliert. Dies kann nach Eingabe des Programmtextes explizit über das Pull down-Menü

Debuggen - Kompilieren

erfolgen oder implizit durch die im nächsten Abschnitt beschriebene Ausführung der Programme.

Eingabeunterstüt-
zung

Durch den Interpreter werden eine Reihe von Hilfen bei der Programmeingabe angeboten.

- Einige Schlüsselworte erkennt der Interpreter, auch wenn sie falsch geschrieben werden, und verbessert sie automatisch.

- Bei Variablendeklarationen liefert er nach der Eingabe von "As" eine Liste aller möglichen Datentypen, aus der der gewünschte Datentyp ausgewählt werden kann. Auf diese Weise wird die Tipparbeit reduziert, was wiederum zur Reduzierung von Fehlern im Programmtext führt.

- Insgesamt wird mit vier Farben im Editor gearbeitet.

Schwarz	vom Programmierer frei wählbarer Programmtext,
Blau	Schlüsselworte,
Rot	fehlerhafte Anweisungen,
Grün	Kommentare (siehe Kapitel 2.3).

2.2.3   Das Ausführen von Programmen

Zur Abarbeitung des Programms durch die CPU kann am einfachsten das Symbol ▶ in der Symbolleiste betätigt werden.

semantische
Fehler

Jetzt ist es die Aufgabe des Programmierers zu überprüfen, ob sein Programm logisch korrekt läuft. Er prüft, ob **semantische**, d. h. **logische Fehler** vorliegen.

Dazu hat der Programmierer für die geeignete Wahl an Testdaten zu sorgen. Auf Basis der Problemdefinition muss geprüft werden, ob für alle möglichen Kombinationen von Eingabedaten die jeweils gewünschten Ausgabedaten produziert werden.

Diese Phase ist in der Praxis mit einem nicht zu unterschätzenden Zeitaufwand verbunden. Das zwei- bis dreifache Zeitvolumen der gesamten bisherigen Arbeit am Programm kann für die Testphase erforderlich sein.

Validität

In großen Programmen ist die Überprüfbarkeit aller möglichen Kombinationen von Eingabedaten nicht mehr gewährleistet. Aus diesem Grund ist es unmöglich, von der **Korrektheit** von Programmen zu sprechen. Nach einer bestimmten Dauer von zufriedenstellenden Tests spricht man vielmehr von der **Validität**, der Güte von Programmen. Ein **valides** Programm kann in der Praxis eingesetzt werden.

Laufzeitfehler Eine weitere Fehlerart, die beim Ausführen des Programms auftreten kann, ist der Laufzeitfehler. Es handelt sich um Fehler, die das Programm zum "Absturz" bringen, d. h. die CPU kann aufgrund von Uneindeutigkeiten die Handlungsanweisungen nicht weiter ausführen. Ein Beispiel ist die Division durch 0 oder die Angabe eines nicht vorhandenen Speicherplatzes, z. B. beim Zugriff auf eine Datei.

2.2.4   Das Testen von Programmen

Fehlerarten Fassen wir die im letzten Abschnitt erarbeiteten **Fehlerarten** zusammen, die bei der Programmierung auftreten können

- **syntaktische Fehler** Verstöße gegen die Regeln der Programmiersprache;

- **semantische Fehler** logische Fehler, das Programm führt nicht das aus, was es tun soll;

- **Laufzeitfehler** Fehler, die zum vorzeitigen Abbruch des Programms führen.

Wird das Programm ausgeführt, können wir davon ausgehen, dass die syntaktischen Fehler behoben sind, da ansonsten der Maschinencode nicht hätte erzeugt werden können.

Bei Laufzeitfehlern wird nach dem Programmabbruch im Editor an die Stelle gesprungen, an der der Fehler auftrat. Zur Verdeutlichung wird die Programmzeile rot dargestellt.

Schwieriger ist die Suche nach semantischen Fehlern, da das Programm zwar durchlaufen wird, aber die falschen Ergebnisse geliefert werden.

Zur Unterstützung des Programmierers bei der Fehlersuche bietet die Entwicklungsumgebung eine Reihe von Optionen. An dieser Stelle werden einige der wichtigsten Optionen dargestellt.

Einzelschritttest

Mit der Option **Einzelschritt,** im Menü wählbar über

Debuggen – Einzelschritt,

kann die Ausführung nach jeder Anweisung gestoppt werden, so dass dann beobachtet werden kann, wie die Variablenbelegung zu den betrachteten Zeitpunkten aussieht. Auf diese Weise kann man sich schrittweise an den Fehler herantasten.

Die Beobachtung der Wertebelegung der Variablen erfolgt durch das "Direktfenster" welches über

Ansicht – Direktfenster

geöffnet werden kann.

Haltepunkte

Mit der Option **Haltepunkt** über das Menü

Debuggen – Haltepunkt ein/aus

wird veranlasst, dass das Programm an der gewählten Stelle anhält, so dass die Variablenbelegung an diesem Punkt geprüft werden kann. Nach erfolgtem Test kann durch erneutes Anklicken dieser Menüoption der Haltepunkt wieder entfernt werden.

Überwachungs-fenster

Mit dem **Überwachungsfenster** können Variablen, die einen falschen Wert liefern oder von denen vermutet wird, dass sie es tun, schrittweise überwacht werden.

Mit dem Pull down Menü

Debuggen – Überwachung hinzufügen

wird das in Abb. 2.6 gezeigte Fenster eingeblendet.

**Das
Überwachungs-
fenster**

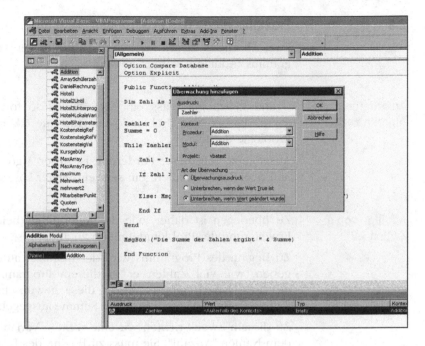

Abb. 2.6 Das Überwachungsfenster

In der Zeile Ausdruck wird die zu überwachende Variable angegeben.

Man hat nun verschiedene Optionen, wie diese Variable überwacht werden soll. In diesem Fall wurde die Option

Unterbrechen, wenn Wert geändert wurde

gewählt.

Das Programm bricht nach der Wertänderung der Variablen "Zaehler" ab. Ein gelber Pfeil zeigt auf die Anweisung, mit der das Programm fortgeführt wird.

Im unteren Teil des Bildschirms wird automatisch das Direktfenster mit den zu überwachenden Variablen inklusive ihrer aktuellen Wertebelegung auflistet.

2.3   Flexibilisierung des Programms "Addition"

Zum Abschluss dieses Kapitels wird ein letzter Ausbau des Programms "Addition" vorgenommen.

Anforderung an Algorithmen

Grundsätzlich gilt, dass ein Algorithmus so formuliert werden sollte, dass er eine Problemlösung für eine **Klasse** gleichartiger Probleme darstellt.

Ausgehend von dieser Forderung ist unser Algorithmus, der genau **drei** Zahlen addiert, ein sehr einseitiger Lösungsansatz.

Addition von n Zahlen > 0

Zu überlegen ist daher, wie der Algorithmus bei der folgenden Erweiterung der Problemdefinition zu ändern ist.

Zu Beginn des Programms wird der Benutzer aufgefordert anzugeben, wie viel Zahlen er in diesem Programmlauf addieren möchte. Danach gibt er genau diese gewünschte Anzahl von Zahlen (n Zahlen) ein, bevor die Summe ausgegeben wird.

Zu diesem Zweck richten wir eine weitere Variable ein, z. B. mit dem Namen "Anzahl". Sie muss zu Beginn des Programms deklariert werden. Vor Beginn der Schleife sollte diese Variable durch eine Benutzereingabe ihren Wert erhalten.

Daraufhin kann die Schleifenbedingung geändert werden. Die als Endwert angegebene "3" wird durch die Variable "Anzahl" ersetzt.

Kommentare

Häufig bietet es sich an, den Programmtext für die Fehlersuche und spätere Änderungen zu dokumentieren. Zu diesem Zweck gibt es das Kommentarzeichen. Mit den Schlüsselworten **Rem** oder "**'**" können Kommentarzeilen in den Programmtext eingeschoben werden. Sie stehen zu Beginn einer Zeile. Der Compiler überliest daraufhin alle Zeichen dieser Zeile. Wie in Abschnitt 2.2.2 bereits angedeutet, werden sie im Editor grün dargestellt.

Programm "Addition von n Zahlen > 0"

```
Public Function Addition ()

Dim Zahl As Integer, Zaehler As Integer
Dim Summe As Integer
```

| **Variable Anzahl** | ```
Dim Anzahl As Integer

Zaehler = 0
Summe = 0

Anzahl = InputBox("Wie viel Zahlen möchten Sie
                                    addieren?")
``` |
| **Kommentar** | ```
Rem Addition von n Zahlen

While Zaehler < Anzahl

    Zahl = InputBox("Bitte Zahl eingeben")

    If Zahl > 0 Then
         Summe = Summe + Zahl
         Zaehler = Zaehler +1
    Else: MsgBox("mit negativen Zahlen wird nicht
                                gerechnet")
    End If

Wend

MsgBox("Die Summe ist:" & Summe)

End Function
``` |


Übungsaufgabe   Übungsaufgabe 2.1

a.   Erstellen Sie ein Struktogramm und ein zugehöriges Visual Basic-Programm zur Ermittlung des Maximums aus einer Reihe einzugebender Zahlen.

Der Benutzer sollte nach jeder Zahl die Möglichkeit haben, zu entscheiden, ob er eine weitere Zahl eingeben möchte oder nicht. Am Ende sollte das Maximum und die Anzahl der eingegebenen Zahlen ausgegeben werden.

b.   Am Tag der offenen Tür eines Freizeitparks bekommt jeder zehnte Besucher eine Eintrittsermäßigung. Alle anderen Besucher zahlen den Standardpreis von 5 €.

Erstellen Sie ein Struktogramm und ein Programm, mit dem die Kassiererin bei jedem Eintreffen eines neuen Besuchers den Buchstaben K (für Kunde) tippt. Das Programm sollte daraufhin ausgeben, wie viel der Besucher zu zahlen hat. Gibt die Kassiererin am Ende des Tages ein E (für Programmende) ein, so sollte das Programm abbrechen.

Zusatz: Lassen Sie am Ende des Tages die Anzahl der reduzierten Eintrittskarten ausgeben.

3

Varianten von Alternative und Schleife

In diesem Kapitel werden die Erweiterung der Alternative, die Auswahl, und die Konstruktion verschiedener Schleifenarten neu eingeführt. Daneben werden verschiedene Möglichkeiten der formatierten Datenausgabe erläutert.

Problemdefinition "Rechner"

Ausgangspunkt ist wiederum eine Problemdefinition, zu der ein Algorithmus und ein Programm im Laufe des Kapitels entwickelt werden.

Der Benutzer gibt zwei Zahlen und ein Rechenzeichen zur Durchführung einer der vier arithmetischen Grundoperationen ein. Die Ausgabe ist das Ergebnis der Rechenoperation. Bei Eingabe eines ungültigen Zeichens, also nicht +, -, * oder /, soll eine Fehlermeldung erscheinen, etwa "mit diesem Zeichen kann nicht gerechnet werden".

3.1 Varianten der Alternative

3.1.1 Die verschachtelte Alternative am Beispiel des Programms "Rechner"

Im Struktogramm zur vorliegenden Problemdefinition müssen zu Beginn die notwendigen Eingaben erfolgen. Hierzu brauchen wir drei Variablen.

- Für die erste Zahl

    "Zahl1"   Datentyp **Integer**

- Für die zweite Zahl

    "Zahl2"   Datentyp **Integer**

- Für des Rechenzeichen

    "Zeichen"   Datentyp **String**

- Für das Ergebnis

    "Ergebnis"   Datentyp **Single**

Im nächsten Schritt können die Eingabeanweisungen festgelegt werden. Im Struktogramm in Abb. 3.1 haben wir eine einfache Sequenz

Zahl1 = Eingabe("Bitte die erste Zahl eingeben")
Zahl2 = Eingabe("Bitte die zweite Zahl eingeben")
Zeichen = Eingabe("Bitte Rechenzeichen (+, -, *, /) eingeben")

Abb. 3.1 Struktogramm "Eingaben im Algorithmus Rechner"

Nun muss geprüft werden, ob das Rechenzeichen eines der vier erlaubten ist. Ausgehend von den im ersten Kapitel eingeführten Kontrollstrukturen können wir dies mit einer Alternative prüfen. Zu diesem Zweck muss entschieden werden, ob, wie in Abb. 3.2 vier aufeinander folgende Alternativen gewählt oder ob sie, wie in Abb. 3.3, geschachtelt werden.

Führen wir den Schreibtischtest durch, so wird deutlich, dass der in Abb. 3.2 entwickelte Algorithmus fasch ist. Er funktioniert lediglich für das "/"-Zeichen richtig, da in allen anderen Fällen ("+", "-" und "*") die Meldung "falsches Rechenzeichen" auf dem Bildschirm erscheint.

**falscher Algorith-
mus "Rechner"**

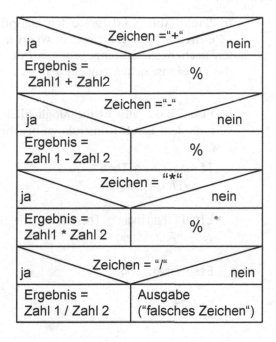

Abb. 3.2 falscher Algorithmus "Rechner"

**richtiger Algorith-
mus "Rechner"**

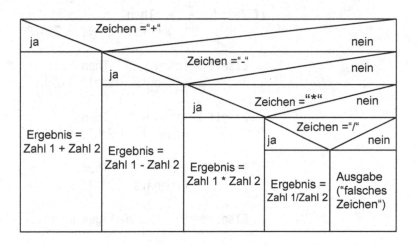

Abb. 3.3 richtiger Algorithmus "Rechner"

In dem in Abb. 3.3 dargestellten Algorithmus wird die Bedingung - Zeichen = "/" - nur geprüft, wenn keines der anderen erlaubten Rechenzeichen eingegeben wurde. Wurde etwas anderes als das Divisionszeichen eingegeben, ist die Fehlermeldung korrekt.

ElseIf

In Visual Basic gibt es die Möglichkeit, verschachtelte Alternativen mit dem **ElseIf**-Konstrukt zu beschreiben

```
If Bedingung Then
       Anweisung


ElseIf Bedingung Then
       Anweisung


Else Anweisung


End If
```

Der Else-Teil ist optional, d. h. er kann auch weggelassen werden. In unserem Beispiel sähe der entsprechende Programmteil folgendermaßen aus

```
If Zeichen = "+" Then
              Ergebnis = Zahl1 + Zahl2


   ElseIf Zeichen = "-" Then
              Ergebnis = Zahl1 - Zahl2


   ElseIf Zeichen = "*" Then
              Ergebnis = Zahl1 * Zahl2


   ElseIf Zeichen = "/" Then
              Ergebnis = Zahl1 / Zahl2


   Else: MsgBox ("ungültiges Rechenzeichen")


   End If
```

3.1.2   Das Auswahl-Konstrukt Select Case

Für Fälle, in denen eine Variable (hier die Variable "Zeichen") verschiedene Inhalte haben kann, auf die jeweils unterschiedliche Anweisungen folgen, gibt es eine weitere Form oder Verallgemeinerung der Alternative, die **Auswahl**. Im Struktogramm wird die Auswahl wie in Abb. 3.4 dargestellt.

Struktogramm Auswahl

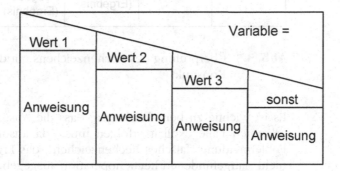

Abb. 3.4 Das Auswahl-Konstrukt im Struktogramm

Im oberen Dreieck der Abb. 3.4 steht der Name der Variablen, dessen Inhalt überprüft werden soll. Wert1, Wert2 usw. geben die möglichen Inhalte der Variablen an, auf Grund derer die darunter stehenden Handlungsanweisungen ausgeführt werden. Hier können wieder beliebig umfangreiche Teilalgorithmen verwendet werden (siehe Schachtelung von Kontrollstrukturen Abschnitt1.2.3). Beinhaltet die Variable keinen der angeführten Werte, so kann ebenso wie in der Alternative nach Bedarf ein "sonst"-Zweig angegeben werden. Er ist auch hier wahlfrei, also nicht zwingend erforderlich.

In Abb. 3.5 ist die Überprüfung des Rechenzeichens mit dem Auswahl-Konstrukt dargestellt.

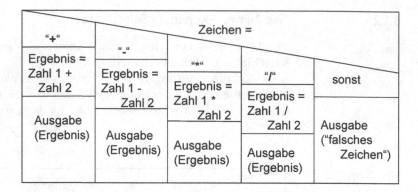

Abb. 3.5 Überprüfung des Rechenzeichens mit dem Auswahl-
Konstrukt

Es ist wichtig zu berücksichtigen, dass die Ausgabe für alle vier
erlaubten Fälle explizit erfolgen muss, da ansonsten, nach der
Fehlermeldung "falsches Rechenzeichen", das Ergebnis einer gar
nicht stattgefundenen Rechenoperation ausgegeben würde.

An dem in Abb. 3.5 dargestellten Algorithmus können wir zwei
sehr unterschiedliche Mängel feststellen.

1.   Redundanz[8] von Programmbefehlen; der identische Aus-
      gabebefehl wird viermal angegeben.

2.   Der zweite Kritikpunkt betrifft die Möglichkeit des Be-
      nutzers, mit dem Programm zu arbeiten. Angenommen,
      er hat zwei größere Zahlen eingegeben und bei der Ein-
      gabe des Rechenzeichens vertippt er sich. Das Pro-
      gramm müsste neu gestartet und beide Zahlen neu ein-
      gegeben werden. Erst dann hat er die Möglichkeit, das
      Rechenzeichen erneut einzugeben.

Befassen wir uns zunächst mit dem zweiten Kritikpunkt. Wie
können wir den Algorithmus so ändern, dass der Anwender bei
fehlerhafter Eingabe des Rechenzeichens den Fehler ohne
weitere Konsequenzen unverzüglich korrigieren kann ?

---

8   Wiederholung, mehrfaches Vorkommen

Hierzu müsste gleich nach der Eingabe des Rechenzeichens überprüft werden, ob es ein erlaubtes ist oder nicht.

Theoretisch könnten wir dies im Rahmen einer Alternative unmittelbar nach der Eingabe des Zeichens prüfen, so dass bei Falscheingabe nur das Rechenzeichen erneut eingegeben werden muss.

Der Nachteil besteht allerdings darin, dass es bei wiederholter Fehleingabe zum Programmfehler kommt.

Daher bietet sich eine Schleife zur Überprüfung der Benutzereingabe an.

Das Struktogramm "Rechner"

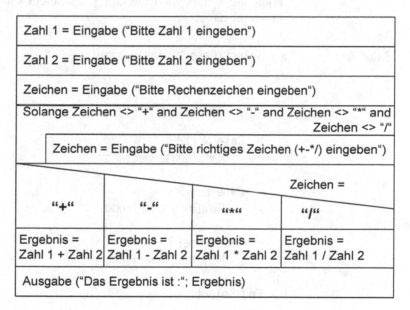

Abb. 3.6 Das Struktogramm "Rechner"

In Abb. 3.6 ist ein vollständiges Struktogramm für die vorgegebene Aufgabenstellung entwickelt.

Die Schleife nach Eingabe des Rechenzeichens wird nur dann durchlaufen, wenn der Benutzer ein ungültiges Rechenzeichen eingegeben hat. Die einzige Handlungsanweisung des Schleifenwiederholteils ist die erneute Eingabe eines Rechenzeichens.

Das Programm läuft auch dann noch korrekt, wenn der Benutzer sich ein zweites Mal bei der Eingabe vertan hat. Die Schleife wird solange durchlaufen, bis der Benutzer eines der vier gültigen Rechenzeichen eingegeben hat.

Im Auswahl-Konstrukt kann der "sonst"-Zweig weggelassen werden, da der Fall, dass kein gültiges Rechenzeichen eingegeben wurde, bereits in der vorherigen Schleife abgefangen worden ist.

Auf diese Weise haben wir auch den ersten Kritikpunkt, der sich auf die wiederholenden Ausgabeanweisungen bezog, behoben. Da kein falsches Rechenzeichen mehr vorliegen kann, erfolgt die Ausgabe **einmal** nach dem Auswahl-Konstrukt.

Folgende Syntax zur Umsetzung des **Select Case**-Konstrukts gilt in Visual Basic.

Select Case

```
Select Case Variablenname

    Case Wert1
        Handlungsanweisung ...

    Case Wert2
        Handlungsanweisung
    .
    Case Wert3
        Handlungsanweisung. .

    .
    Case Else:
        Handlungsanweisung


End Select
```

Das **Case Else** ist wahlfrei. Hinter dem **Case** in den Fallunterscheidungen können bei Bedarf mehrere Werte durch Kommata voneinander getrennt aufgelistet werden, z. B.

```
Select Case Bezeichner

    Case "a", "b","c"
        Ergebnis = Ergebnis * 1.05
```

```
      Case "x","y","z"
         Ergebnis = Ergebnis *1.10

   End Select
```

Die Anführungszeichen werden in diesem Fall genutzt, da wir davon ausgehen, dass die Variable "Bezeichner" vom Datentyp String ist und mögliche Werte von String-Variablen grundsätzlich, unabhängig vom "Select Case" Konstrukt, in Anführungszeichen gesetzt werden.

Es besteht auch die Möglichkeit, Vergleichsoperatoren in die verschiedenen Fälle zu integrieren, z. B.

```
   Select Case Zahl

      Case >20
         Ergebnis = Ergebnis * 1.10

      Case <20
         Ergebnis = Ergebnis *1.05

   End Select
```

Visual Basic bietet eine weitere, komfortable Anwendung des "Select Case" Konstrukts. In den einzelnen Case-Fällen können Wertebereiche angegeben werden, für die eine bestimmte Anweisungsfolge durchgeführt werden soll.

```
   Select Case Variablenname

      Case Anfangswert1 to Endwert1
         Anweisung

      Case Anfangswert2 to Endwert2
         Anweisung

   End Select
```

Nehmen wir an, wir möchten Ausgaben in Abhängigkeit von den Jahreszeiten produzieren, so könnten wir diese Variante des "Select Case" Konstrukts gut nutzen.

```
Select Case Monat

    Case 3 to 5
        Msgbox("es ist Frühling")

    Case 6 to 8
        Msgbox("es ist Sommer")
    ..
End Select
```

Wir können nun den "Rechner" Algorithmus mit Hilfe des CASE-Konstrukts vollständig in Visual Basic übersetzen.

Programm "Rechner"

```
Public Function Rechner()

Dim Zahl1 As Integer, Zahl2 As Integer
Dim Ergebnis As Single
Dim Zeichen As String


Zahl1 = InputBox("Bitte 1. Zahl eingeben")
Zahl2 = InputBox("Bitte 2. Zahl eingeben")
Zeichen = InputBox("Bitte Rechenzeichen eingeben")

While Zeichen <> "+" And Zeichen <> "-" And Zeichen
            <> "*" And Zeichen <> "/"
    Zeichen = InputBox("Bitte neues Rechenzeichen
                        eingeben")
Wend
```

```
Select Case Zeichen
    Case "+"
            Ergebnis = Zahl1 + Zahl2
    Case "-"
            Ergebnis = Zahl1 - Zahl2
    Case "*"
            Ergebnis = Zahl1 * Zahl2
    Case "/"
            Ergebnis = Zahl1 / Zahl2
End Select

MsgBox ("Das Ergebnis ist: " & Ergebnis)

End Function
```

Übungsaufgabe

Übungsaufgabe 3.1

a. Erstellen Sie ein Struktogramm und ein Programm zur Preisberechnung von Übernachtungen in einem Hotel. Der Benutzer gibt die Anzahl gewünschter Übernachtungen und den gewünschten Reisemonat als ganze Zahl ein. Die Übernachtungskosten sind abhängig von der Saisonzeit. In der Nebensaison beträgt er 30 € pro Nacht, in der Zwischensaison 40 € und in der Hauptsaison 50 €.

Nebensaison ist in den Monaten 1, 2, 11, Zwischensaison in den Monaten 3, 4, 5, 6, 9, 10 und Hauptsaison in 7, 8, 12.

Für ein Doppelzimmer erhöht sich der Preis um das 1,5-fache.

b. In der Volkshochschule werden Kurse zum Basteln und Malen angeboten. Eine Kursteilnahme kostet 100 €. Auf Wunsch wird das Material organisiert. In diesem Fall wird eine Pauschale von 30 € zusätzlich erhoben. Arbeitslose zahlen lediglich 60% und Senioren 80% sowohl des Grundpreises als auch der Pauschale. Geben Sie den berechneten Preis aus.

Soll ein Aufbaukurs gleich mitbelegt werden, so wird der berechnete Preis mit einem 50%igen Aufschlag versehen. Geben Sie - falls gewünscht - auch diesen Preis für den Kurs inkl. Aufbaukurs aus.

Überprüfen Sie die vom Benutzer einzugebende Personenkategorie. Tragen Sie Sorge, dass der Benutzer eine fehlerhafte Eingabe wiederholen kann.

Nutzen Sie in beiden Aufgaben das "Select Case" Konstrukt.

3.2   Varianten von Schleifen

Bisher haben wir eine Schleifenart kennen gelernt. Wie in den meisten Programmiersprachen gibt es auch in Visual Basic verschiedene Möglichkeiten, Schleifen zu konstruieren. Sie werden im folgenden Abschnitt dargestellt.

3.2.1   Pre-Check- und Post-Check-Schleifen

Grundsätzlich lassen sich - in fast allen Programmiersprachen - zwei Schleifenarten unterscheiden, die **Pre-Check-** und die **Post-Check-Schleife**.

Pre-Check-Schleife

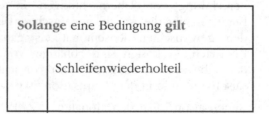

Abb. 3.7 Struktogramm einer Pre-Check-Schleife

Die in Abb. 3.7 dargestellte **Pre-Check-Schleife** wird nach dem uns bekannten Muster abgearbeitet, indem vor jedem Durchlauf des Wiederholteils der Schleife die Bedingung geprüft wird. Bei Abbruch der Schleife wird zur ersten der Schleife folgenden Anweisung gesprungen.

Anwendung Pre-Check-Schleife

Diese Schleife kennt also auch den Sonderfall, dass sie gar nicht durchlaufen wird. Daher eignet sie sich gut für die Überprüfung von Benutzereingaben. Gibt der Benutzer im Programm "Rechner" beim ersten Mal ein gültiges Rechenzeichen ein, wird die Schleife überhaupt nicht durchlaufen.

Diese Schleifenkonstruktion wird als die allgemeinste Schleife bezeichnet, da mit ihr alle Fälle erfasst werden können, d. h. es können 0, 1 oder n Wiederholungen eintreten.

Post-Check-Schleife

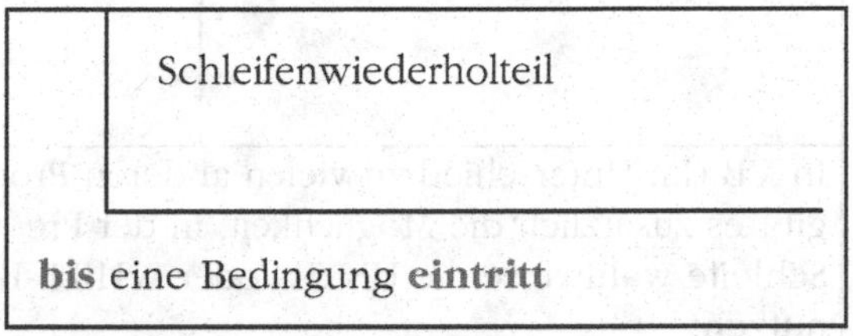

Abb. 3.8 Struktogramm einer Post-Check-Schleife

Anwendung Post-Check-Schleife

In der **Post-Check-Schleife** wird der Bedingungsteil erst am Ende des Schleifenwiederholteils durchlaufen.

Da mit dieser Schleifenkonstruktion der Wiederholteil grundsätzlich mindestens einmal durchlaufen wird, ist diese Schleife für die Wiederholung des gesamten Programms geeignet, da hier davon ausgegangen werden kann, dass der Benutzer, wenn er das Programm aufruft, es zumindest einmal durchlaufen lassen möchte.

Bisher haben wir die Pre-Check-Schleife kennen gelernt mit den Schlüsselworten

```
While Bedingung
    Schleifenwiederholteil
Wend
```

In Abb. 3.9 werden weitere in Visual Basic mögliche Schleifenvarianten, unterteilt in Pre- und Post-Check-Schleifen, aufgelistet.

Pre- und Post-Check-Schleifen

Pre-Check-Schleife	Post-Check-Schleife

Do While Bedingung gilt
 	
    Schleifenwiederholteil
 	
Loop
	Do
	
	    Schleifenwiederholteil
	
	Loop Until Bedingung
	                                eintritt

In VB (im Unterschied zu vielen anderen Programmiersprachen) gibt es zusätzlich die Möglichkeit, in der Pre- und Post-Check-Schleife wahlweise die UNTIL- oder WHILE-Bedingung zu nutzen:	

Do Until Bedingung
            eintritt
 	
    Schleifenwiederholteil
 	
Loop
	Do
	
	        Schleifenwiederholteil
	
	Loop While Bedingung
	                                gilt

Abb. 3.9 Varianten der Pre- und Post-Check-Schleife

Unterschied While-Until

Die While-Bedingung ist so formuliert, dass die Schleife wiederholt wird, **solange** die **Bedingung gilt.**

Tritt eine Until-**Bedingung ein**, wird die Schleife **beendet.** D. h. solange die Bedingung **nicht** gilt, wird der Schleifenwiederholteil ausgeführt. Es wird genau das Gegenteil der While-Bedingung formuliert.

Üblicherweise wird die While-Bedingung mit der Pre-Check-Schleife und die Until-Bedingung mit der Post-Check-Schleife verwendet.

Zur Vereinfachung werden wir uns im folgenden auch an diese Verwendungsart halten, d. h. unter einer While-Schleife verstehen wir eine Pre-Check und unter einer Until- eine Post-Check-Schleife.

Beispiel

Ändern wir unser erstes Programm "Addition" ein wenig ab, so können wir den Unterschied beider Schleifenarten verdeutlichen.

Die geänderte Problemdefinition sieht vor, dass der Benutzer nach jeder eingegebenen Zahl entscheidet, ob er eine weitere eingeben oder sich die Summe der bisher eingegebenen Zahlen anzeigen lassen möchte.

Da der Algorithmus im wesentlichen bereits bekannt ist, verzichten wir hier auf die Darstellung im Struktogramm und gehen gleich auf die Visual Basic-Notation ein.

While.. Wend Schleife

```
Public Function Addition1()

Dim Zahl As Integer
Dim Summe As Integer
Dim weiter As String

Summe = 0
weiter = "j"
While weiter = "j"
   Zahl = InputBox("Bitte Zahl eingeben")
   Summe = Summe + Zahl
   weiter = InputBox("Weitere Zahl eingeben?(j für
                                       ja)")
Wend

MsgBox ("Die Summe der Zahlen ergibt " & Summe)

End Function
```

Wir brauchen die Variablen "Zaehler" und "Anzahl" nicht mehr, stattdessen haben wir eine neue Variable "weiter" vom Datentyp "String".

Der Benutzer entscheidet am Ende des Wiederholteils der Schleife, ob er eine weitere Zahl eingibt. Damit im ersten Schleifendurchlauf die Bedingung zum Eintritt in die Schleife erfüllt ist, muss vorher die Zuweisung

```
weiter = "j"
```

erfolgen. Ansonsten würde sofort zur Ausgabeanweisung gesprungen.

Do..Loop Until Schleife

```
Public Function Addition2()

Dim Zahl As Integer
Dim Summe As Integer
Dim weiter As String


Summe = 0
Do
  Zahl = InputBox("Bitte Zahl eingeben")
  Summe = Summe + Zahl
  weiter = InputBox("Weitere Zahl eingeben?(j für
                            ja)")
Loop Until weiter <> "j"

MsgBox ("Die Summe der Zahlen ergibt " & Summe)

End Function
```

In der Post-Check-Schleife entfällt die Anfangswertzuweisung von "weiter", da die erste Prüfung zu einem Zeitpunkt stattfindet, an dem der Benutzer bereits das erste Mal selbst entschieden hat, ob er eine weitere Zahl eingeben möchte oder nicht.

Die Formulierung der Bedingung mit Until ist die **Negation** der While-Bedingung.

Im Beispielprogramm "Rechner" wird nach erfolgter Rechnung abgebrochen. Soll der Benutzer nun die Möglichkeit bekommen, weitere Rechnungen durchführen zu können, muss das gesamte Programm in eine Schleife eingebunden werden. Es bietet sich eine Post-Check-Schleife an.

Programm "Rechner" mit Schleife

```
Public Function Rechner()

Dim Zahl1 As Single, Zahl2 As Single
Dim Ergebnis As Single
Dim weiter As String, Zeichen As String

Do
  Zahl1 = InputBox("Bitte erste Zahl eingeben")
```

```
Zahl2 = InputBox("Bitte zweite Zahl eingeben")
Zeichen = InputBox("Bitte Rechenzeichen eingeben")

While Zeichen <> "+" And Zeichen <> "-" And Zeichen
                <> "*" And Zeichen <> "/"
      Zeichen = InputBox("Bitte neues Rechenzeichen
                     eingeben")
Wend

Select Case Zeichen
    Case "+"
            Ergebnis = Zahl1 + Zahl2
    Case "-"
            Ergebnis = Zahl1 - Zahl2
    Case "*"
            Ergebnis = Zahl1 * Zahl2
    Case "/"
            Ergebnis = Zahl1 / Zahl2
End Select
MsgBox ("Das Ergebnis  ist: " & Ergebnis)

weiter = InputBox("Möchten Sie eine weitere
                Rechnung durchführen(j für ja)?")

Loop Until weiter <> "j"

End Function
```

3.2.2   **Zählschleifen**

Eine weitere Schleifenart ist die so genannte Zählschleife, in Visual Basic auch **For-Next-Schleife** genannt. Sie bietet sich immer dann an, wenn die Schleife nach einer bestimmten Anzahl von Schleifendurchläufen beendet werden soll.

Es handelt sich hier ebenfalls um eine Pre-Check-Schleife. Da sie jedoch ein begrenztes Anwendungsgebiet hat, wird sie getrennt aufgeführt.

Nehmen wir zur Verdeutlichung nochmals unser erstes Programm "Addition".

While-Schleife

```
Public Function Addition3()

Dim Zahl As Integer, zaehler As Integer
Dim Summe As Integer
Dim Anzahl As Integer


zaehler = 0
Summe = 0


Anzahl = InputBox("Wieviele Zahlen möchten Sie
                                 addieren?")

While zaehler < Anzahl
    Zahl = InputBox("Bitte Zahl eingeben")
    zaehler = zaehler + 1
    Summe = Summe + Zahl
Wend

MsgBox ("die Summe der Zahlen ergibt " & Summe)

End Function
```

For..Next-Schleife   Da mit der Variablen "Anzahl" die Menge der Schleifendurchläufe festgelegt ist, eignet sich eine **For-Next-Schleife**.

```
Public Function Addition4()

Dim Zahl As Integer, Zaehler As Integer
Dim Summe As Integer
Dim Anzahl As Integer

Zaehler = 0
Summe = 0
Anzahl = InputBox("Wieviele Zahlen möchten Sie
                                 addieren?")
For Zaehler = 1 To Anzahl
    Zahl = InputBox("Bitte Zahl eingeben")
    Summe = Summe + Zahl
Next Zaehler
```

```
MsgBox ("die Summe der Zahlen ergibt " & Summe)
```

End Function

Die Anfangswertzuweisung ist in den Bedingungteil der Schleife verlagert worden. In ihm wird festgelegt, welchen Anfangswert die Zählvariable bekommen soll und welches der letzte Wert (Endwert) ist, mit dem die Schleife durchlaufen wird.

Hinweis
Zählvariable

Die Erhöhung der Variablen "Zaehler" erfolgt **intern** bei jedem Sprung in den Bedingungteil, so dass der Programmierer sich hierum nicht zu kümmern braucht. Beim Schleifenabbruch muss die Zählvariable den in der Bedingung angegebenen Endwert also **überschritten** haben. Bei drei zu addierenden Zahlen hat "Zaehler" am Ende den Wert 4.

Standardmäßig ist die Schrittweite bei Erhöhung der Zählvariablen eins. In diesem Fall ist keine zusätzliche Spezifikation notwendig. Soll aber eine andere Schrittweite gewählt werden, so muss dies explizit angegeben werden.

```
For Zaehler = 1 to 20 STEP 2
```

Hier wird die Variable "Zaehler" in jedem Schritt um 2 erhöht, d. h. die Schleife wird 10 mal durchlaufen.

Die allgemeine Form ist

```
FOR Zählvariable = Anfangswert to Endwert STEP
                                 Schrittweite
    Wiederholteil

Next Zählvariable
```

Übungsaufgabe 3.2

    a. Erweitern Sie das Programm "Hotel" aus der Aufgabe 3.1 so, dass der Benutzer nach erfolgter Ausgabe des Übernachtungspreises wählen kann, ob er eine weitere Berechnung durchführen möchte oder das Programm beendet werden soll. Wählen Sie die passende Schleifenart.

    b. Formulieren Sie die Übungsaufgabe "Maximum" aus Kapitel zwei mit einer Post-Check-Schleife.

    c. Ändern Sie die Aufgabe "Maximum" so, dass sie mit Hilfe einer Zählschleife implementiert werden kann.

3.3   Ausgabeformatierungen

In unserem Programm "Rechner" wird mit der Ausgabeanweisung

```
MsgBox ("Das Ergebnis  ist: " & Ergebnis)
```

der Inhalt einer **Single** Variablen ausgegeben. Da bei der Division ein Ergebnis mit mehreren Nachkommastellen berechnet werden kann, ist es sinnvoll, die Ausgabe auf ein gewünschtes Zahlenformat festzulegen.

In VB stehen hierfür eine Reihe von Formatieranweisungen zur Verfügung. An dieser Stelle werden einige häufig angewandte vorgestellt.

```
Formatnumber (Variablenname, Zahl)
```

Zahl steht in dieser Formatieranweisung für die Anzahl der Nachkommastellen, mit der der Inhalt der Variablen auf dem Bildschirm angezeigt werden soll.

Damit das Ergebnis auf zwei Nachkommastellen gerundet wird, ändert sich die Ausgabeanweisung des Rechnerprogramms.

```
MsgBox ("Das Ergebnis  ist: " &
                    Formatnumber(Ergebnis,2))
```

Weitergehende Möglichkeiten, eine Formatierung vorzunehmen, bietet die Funktion **Format$.** Mit ihr können Datums-, Text- und Zahlenausgaben nach Wunsch für die Ausgabe aufbereitet werden.

Beispiele sind

Währungsbetrag `Format$(Variablenname, "0.00 €")`

Der Inhalt der Variablen wird mit zwei Stellen nach dem Komma und begleitet von einem frei wählbaren Währungssymbol ausgegeben.

Prozentzahlen `Format$(Variablenname, "0.0%")`

In diesem Fall wird der Inhalt der Variablen mit 100 multipliziert und zusammen mit dem Prozentzeichen ausgegeben.

Die Zahl 2 würde in dieser Formatanweisung mit 200,0% ausgegeben.

Generell stehen für die Formatierung eine Reihe von Formatzeichen zur Verfügung. In Abb. 3.10 sind einige ausgewählte Platzhalter aufgelistet.

Platzhalter in Formatierungen

Formatzeichen	Platzhalter für
0	Ziffern; Leerstellen werden mit einer 0 in der Ausgabe angezeigt.
#	Ziffern; Leerstellen werden nicht angezeigt.
.	Der Punkt entspricht dem Dezimalpunkt, er trennt Vor- und Nachkommastellen. Dies ist ein wichtiger Unterschied zur europäischen Notation.
,	Tausendertrennstelle, sie wird in der Ausgabe durch den Punkt dargestellt.

Abb. 3.10 Platzhalter in Formatausdrücken

Die Zeichen können beliebig miteinander verknüpft werden.

Mit der Ausgabeanweisung

```
Msgbox( Format$(Preis, "#.##0.00 €"))
```

werden in der Ausgabe z. B. die Zahlendarstellungen

$$2.450,90\ €$$

oder

$$0,90\ €$$

gezeigt.

Übungsaufgabe   Übungsaufgabe 3.3

Implementieren Sie die "Mehrwertsteueraufgabe" aus Übung 1.3 b. Nutzen Sie bei der Ausgabe passende Formatanweisungen. Erweitern Sie das Programm so, dass der gesamte Rechenvorgang in eine Schleife gebunden wird. Das Programm soll abbrechen, wenn der Benutzer die **0** als Nettobetrag eingibt. Geben Sie die eingegeben Mehrwertsteuer zusätzlich als Prozentzahl aus.

4 Unterprogramme

Ein Unterprogramm ist ein eigenständiges Programm, welches von einem anderen (Haupt-) Programm genutzt werden kann.

Es ist die Zusammenfassung von logisch zusammengehörenden Handlungsanweisungen zu einer Einheit. Zur Identifizierung besitzt ein Unterprogramm einen Namen. Es kann über diesen von anderen Programmen aufgerufen werden. Nach Ende der Abarbeitung der Handlungsanweisungen eines Unterprogramms wird zur Aufrufstelle des aufrufenden Programms zurückgesprungen.

Mit dieser Eigenschaft unterscheidet sich die Verwendung von Unterprogrammen wesentlich von der Nutzung des in der linearen Programmierung (siehe Abschnitt 1.2.4) verwendeten "Go To"-Befehls, mit dem es keinen impliziten Rücksprung gibt.

Unterprogramme können selbst wieder Unterprogramme nutzen, so dass eine ganze Hierarchie von aufrufenden und aufgerufenen (Unter-) Programmen entstehen kann.

Gegenstand dieses Kapitels sind die verschiedenen Formen von Unterprogrammen, Kriterien zu ihrer Entwicklung sowie Möglichkeiten der Kommunikation zwischen Haupt- und Unterprogramm. Zum Abschluss wird eine spezielle Form der Nutzung von Unterprogrammen vorgestellt, die Verwendung rekursiver Funktionen.

4.1 Funktionen und Prozeduren

Grundsätzlich lassen sich zwei Arten von Unterprogrammen unterscheiden, Funktionen und Prozeduren.

Funktionen entsprechen in ihrer Nutzung denen aus der Mathematik, sie können einen Wert an das aufrufende Programm liefern, der z. B. innerhalb von Berechnungen weiter verwendet werden kann.

Ein Unterprogramm unterscheidet sich in seinem Aufbau nicht von einem Programm, wie wir es bisher kennen gelernt haben. D. h. es besitzt einen Deklarations- und einen Anweisungsteil.

In Visual Basic spielt es im Unterschied zu vielen anderen Programmiersprachen keine Rolle, ob das Unterprogramm im Quelltext vor oder nach dem aufrufenden Programm erscheint.

4.1.1   Aufbau und Anwendung von Funktionen

Grundsätzlich gilt, dass jedes Programm in Visual Basic, das nicht über ein Ereignis eines Formulars aktiviert wird (siehe Kapitel acht), als Funktion geschrieben wird, da andere Programmköpfe nicht ohne expliziten Aufruf ausgeführt werden können. Wir beginnen mit den Schlüsselworten

```
Public Function Programmname()
    .
End Function
```

Verwenden wir eine Funktion als Unterprogramm, kann der Funktionsaufruf im Hauptprogramm in eine Handlungsanweisung integriert werden, da eine Funktion in der Lage ist, einen Wert an das aufrufende Programm zu liefern. Dies sei an einem kleinen Beispiel demonstriert.

```
Option Explicit
```

Beispiel Funktionen

```
Public Function Zuschlag ()
Zuschlag =  20
End Function


Public Function Gehaltsberechnung()
Dim Gehalt as single, Grundgehalt as Single
```

Funktions- aufruf

```
Grundgehalt = InputBox("Bitte Grundgehalt eingeben")
Gehalt = Grundgehalt + Zuschlag()
MsgBox("Das Gehalt ist:" & Gehalt)


End Function
```

In diesem Programm wird zur Berechnung des Gehalts eine Funktion "**Zuschlag()**" genutzt. Die Klammern hinter dem Funktionsnamen gehören zur Syntax jedes (Unter-)Programms in Visual Basic. Ihre Bedeutung wird im weiteren Verlauf dieses Kapitels erläutert.

Mit der Angabe des Funktionsnamens wird die Funktion aufgerufen, d. h. der Rechner springt aus dem Hauptprogramm "Gehaltsberechnung" heraus und sucht eine Funktion mit dem Namen "Zuschlag".

Findet er diese Funktion, so arbeitet er die dort aufgeführten Handlungsanweisungen ab. Die Funktion liefert einen Wert an das aufrufende Programm, indem innerhalb der Funktion dem Funktionsnamen ein Wert zugewiesen wird, in unserem Fall die Höhe des Zuschlags. Auf diese Weise kann die Funktion im aufrufenden Programm in beliebigen Berechnungsanweisungen benutzt werden.

Die Funktion wird also im Hauptprogramm wie eine Variable behandelt, die über das Unterprogramm ihren Wert bekommt. Natürlich können die Handlungsanweisungen im Unterprogramm sehr viel umfangreicher sein als in unserem Beispiel. Es können alle aus dem Hauptprogramm bekannten Techniken, inkl. des Aufrufs weiterer Funktionen, verwendet werden.

Vordefinierte Funktionen

In Visual Basic steht eine große Anzahl vordefinierter Funktionen zur Verfügung. Sie dienen z. B. der Berechnung mathematischer Funktionen wie in Abb. 41.a, der Arbeit mit speziellen Datentypen (siehe Abschnitt 2.1.1) wie in Abb. 41.b-c oder der Umwandlung von Datentypen wie in Abb. 4.1d.

Dem Programmierer erleichtern sie an vielen Stellen die Arbeit. In den folgenden Abb. 4.1a bis d sind lediglich exemplarisch einige Funktionen aufgezeigt, die einen Einstieg in ihre Nutzung geben. Sie erheben keinerlei Anspruch auf Vollständigkeit.

mathematische Funktionen

Funktionsname	Erläuterung	Anwendung	Resultat
Abs	Liefert den Absolutwert einer Zahl	Abs(-5)	5
Fix	Schneidet die Nachkommastellen einer Zahl ab	Fix(5,78)	5
Rnd	Liefert eine Zufallszahl	Rnd()	0,1368749
Sqr	Berechnet die Quadratwurzel einer Zahl	Sqr(121)	11

Abb. 4.1a Funktionen zur Berechnungen von Zahlenwerten

Zeichenketten-Funktionen

Funktionsname	Erläuterung	Anwendung	Resultat
Len	Liefert die Länge einer Zeichenkette	Len ("Holger")	6
Left	Liefert den linken gewünschten Bereich	Left ("Holger",2)	Ho
Right	Liefert den rechten gewünschten Bereich	Right("Holger",2)	er
LCase	Wandelt eine Zeichenkette in Kleinbuchstaben	LCase ("FARBE")	farbe
UCase	wandelt umgekehrt in Großbuchstaben	Ucase ("farbe")	FARBE

Abb. 4.1b Funktionen zur Arbeit mit Zeichenketten (Stringwerte)

Datums-Funktionen

Funktionsname	Erläuterung	Anwendung	Resultat
Now	Liefert das aktuelle Datum und die Zeit	Now()	20.4.2005 17:00:00
Date	Liefert das aktuelle Datum	Date()	20.4.2005
Hour (Minute, second)	Liefert die aktuelle Stunde (Minute, Sekunde)	Hour (#12:30:15#) Hour (Now())	12 13:40:25
Year (Month, Day)	Liefert das Jahr (Monat, Tag) eines Datums	Year (#3/4/1999#) Year(Date())	1999 2005

Abb. 4.1c Funktionen zur Arbeit mit Zeitangaben (Date-Werten)

Die Datumsangaben in Abb. 4.1c haben das Format #Monat/Tag/Jahr#, wobei das Zeichen "#" Werte des Datentyps "Date" kennzeichnet.

Typumwandlungsfunktionen

Funktionsname	Erläuterung	Anwendung	Resultat
CInt	Wandelt in einen Integer um; Nachkommastellen werden gerundet	Cint(5/2)	2
CStr	Wandelt in einen String um	Cstr(5)	"5"
Format	Wandelt in eine vorgegebene Zeichenfolge um	Format (#5/1/2005#,"dddd")	Sonntag

Abb. 4.1d Funktionen zur Umwandlung des Datentyps eines Werts

Weitere Varianten der in Abb. 4.1d dargestellten Funktion "Format" sind bereits in Kapitel 3.3 "Ausgabeformatierungen" aufgeführt.

4.1.2   Aufbau und Anwendung von Prozeduren

Prozeduren werden mit den Schlüsselworten

```
Public Sub Prozedurname()
.
.
End Sub
```

deklariert. Im aufrufenden Programm wird ein Unterprogramm aufgerufen mit dem Befehl

```
call Prozedurname
```

Das Schlüsselwort **call** ist optional.

Ereignisprozedur

In Visual Basic gibt es eine spezielle Kategorie von Prozeduren, die **Ereignisprozeduren**. Bei der Programmierung von Formularen sind sie von großer Bedeutung. Ereignisprozeduren werden durch das Eintreten von **Ereignissen,** z. B. durch das Anklicken bestimmter Steuerelemente, d. h. Symbole in einem Formular, ausgelöst. Inhalt der Prozedur sind die Befehle, die bei diesem Ereignis ausgeführt werden sollen, z. B. das Öffnen eines neuen Formulars oder die Durchführung einer Rechenoperation.

In Visual Basic lassen sich zu jedem Steuerelement unzählige Ereignisse unterscheiden, aufgrund derer eine zugehörige Ereignisprozedur ausgeführt wird. Einige ausgewählte Beispiele von Ereignissen finden sich in Abb. 4.2.

Activate	Ein Formular wird angeklickt
Click	Anklicken einer Schaltfläche
KeyDown	Eine Taste ist gedrückt
Load	Ein Formular wird geladen (auf dem Bildschirm angezeigt)
Key Press	Eine Taste wird gedrückt
Change	Änderung der Eingabe durch den Benutzer

Abb. 4.2 Beispiele von Ereignissen in VB

Der Programmierer kann wählen, bei welchem Ereignis eine von ihm zu programmierende Aktion ausgelöst werden soll, d. h. eine Prozedur aufgerufen wird.

In Kapitel acht wird die Anwendung von Ereignisprozeduren im Rahmen der Entwicklung von Formularen ausführlich erläutert.

4.2   Programmhierarchien und Geltungsbereiche von Unterprogrammen

In Visual Basic werden alle Programme im Rahmen eines Projekts (siehe Abschnitt 2.2.1) angelegt. Programme werden als Ereignisprozeduren in Formularmodulen oder in Programmmodulen angelegt.

Jedes Programm kann in ein eigenes Modul geschrieben werden. Es können aber auch mehrere Unterprogramme zusammen ein Modul bilden. So werden alle Ereignisprozeduren, die in einem Formular aktivierbar sind, in ein Formularmodul geschrieben (siehe Kapitel acht).

Sowohl für Funktionen als auch für Prozeduren können innerhalb eines Moduls **Geltungsbereiche** eines Programms oder eines Unterprogramms festgelegt werden. Bisher sind wir von den Schlüsselworten

Public Function Programmname ()

ausgegangen, ohne die Bedeutung von **Public** näher zu erläutern. Dies bedeutet, dass ein auf diese Weise deklariertes Programm (oder Unterprogramm) nicht nur von anderen Programmen dieses Moduls, sondern **von allen Modulen des Projekts** genutzt werden kann.

Soll ein Programm seinen **Geltungsbereich nur in dem Modul, in dem es deklariert ist**, haben, wird es eingeleitet mit

Private Function Programmname ()

Anstelle von **Function** kann in beiden Fällen auch die Bezeichnung für Prozeduren, also **Sub** stehen. In Abb. 4.3 wird dieser Zusammenhang verdeutlicht.

Geltungsbereiche von Programmen

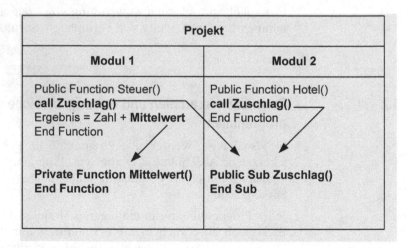

Abb. 4.3 Geltungsbereiche von Unterprogrammen

Die Funktion "Steuer" kann die Funktion "Zuschlag" aufrufen, da sie als **Public** deklariert ist. Die Funktion "Mittelwert" ist **Private**, daher kann sie zwar von "Steuer", aber nicht von der Funktion "Hotel" genutzt werden.

"Steuer" und "Hotel" selbst sind **Public** deklariert und können so auch von anderen Modulen des Projekts genutzt werden.

4.3   Vorteile der Nutzung von Unterprogrammen

Mit dieser Technik der Programmierung wird eine wesentlich stärkere Übersichtlichkeit der Programmstruktur erzeugt. Anweisungen, die sich - wie in Abb. 4.3 - an verschiedenen Stellen des Programms wiederholen, können zu einem Unterprogramm zusammengefasst und aus dem Hauptprogramm ausgelagert werden. Im Programm werden sie dann durch den Aufruf des Unterprogramms ersetzt. Auf diese Weise werden redundante Anweisungen, die zur Aufblähung des Programmtextes führen, vermieden.

Die Fehlersuche und spätere Änderungen sind in mehrseitigen Programmtexten ohne Unterprogrammtechnik sehr aufwendig. Der gesamte Programmtext muss durchgearbeitet werden, bis man zu der Stelle gelangt, an der der Fehler gefunden wird bzw. die von der Änderung betroffen ist.

Bei der Aufteilung eines Programms in einzelne logisch zusammengehörende Programmteile kann man wesentlich gezielter an die Suche einer fehlerhaften Sequenz im Programmtext gehen. Um die Vorteile der Aufteilung realisieren zu können, ist eine fundierte Vorgehensweise vorausgesetzt. Die Informatik beschäftigt sich in diesem Rahmen mit verschiedenen Methoden der **Modularisierung.**

Modularisierung   Unter **Modularisierung** versteht man die Aufteilung eines Programms in einzelne Unterprogramme.

Top-down-Entwicklung   Auch die Programmentwicklung wird erleichtert. Im ersten Schritt der Programmentwicklung muss lediglich festgelegt werden, **was** zu tun ist (Prozeduraufruf), ohne sich bereits Gedanken darüber zu machen, **wie** der Algorithmus konkret auszusehen hat. Dies erfolgt erst bei der Erstellung der Unterprogramme. Damit wird eine schrittweise Programmentwicklung unterstützt. Diese Vorgehensweise wird auch als **Top-down-Entwicklung** bezeichnet.

Bottom-up-Entwicklung

Die umgekehrte Vorgehensweise, die **Bottom-up-Entwicklung** bedeutet, dass zu Beginn einzelne Prozeduren entwickelt werden, die dann stück- bzw. stufenweise über das Hauptprogramm integriert werden. In der Realität wird häufig eine Mischform beider Vorgehensweisen genutzt, das so genannte **JoJo-Verfahren**. Zu Beginn wird festgelegt, was das gesamte Programm leisten soll und welche Unterprogramme aus dem Hauptprogramm aufgerufen werden. Daraufhin folgt die Entwicklung der einzelnen Prozeduren oder Funktionen, und am Ende werden diese stückweise zusammengesetzt.

Mit der Modularisierung ist die Möglichkeit geschaffen, ein Programm gleichzeitig von mehreren Programmierern entwickeln zu lassen, indem jeder Programmierer sein oder seine Unterprogramme zugewiesen bekommt. Große Programme könnten ansonsten kaum in einem kalkulierbaren Zeitraum entwickelt werden.

4.4   Geltungsbereich von Variablen

Wir wissen bereits, dass Unterprogramme eigene Variablen besitzen können. In diesem Abschnitt beschäftigen wir uns mit der Frage, welche unterschiedlichen Geltungsbereiche eine Variable annehmen kann.

Variablen lassen sich für drei zu unterscheidende Geltungsbereiche deklarieren.

1. **Lokale Variablen**

   Generell gilt, dass eine Variable, die in einem (Unter-) Programm eingerichtet wird, nur lokal in diesem bekannt ist und entsprechend genutzt werden kann. Außerhalb dieses Programms ist sie unbekannt.

2. **Private (modulweite) Variablen**

   Nun kann es vorkommen, dass eine Variable oder eine Konstante in mehreren Programmen eines Moduls benötigt wird. In diesem Fall gibt es die Möglichkeit der modulweiten Deklaration einer Variablen. Sie wird vor dem ersten (Unter-) Programm gleich hinter dem Modulkopf deklariert.

```
Option Explicit

Dim Ergebnis as Single

Public Function Rechnung()

DIM Zahl1 AS Integer, Zahl2 AS Integer
    Zahl1= 10
    Zahl2= 5
    Ergebnis = Zahl1 + Zahl2
    call Subtraktion()

End Function

Public Function Subtraktion()

    Ergebnis= Ergebnis -10
    MsgBox(Ergebnis)

    End Function
```

In diesem Fall würde das Ergebnis **5** ausgegeben, da die Funktion "Subtraktion" mit **derselben** Variablen Ergebnis arbeitet wie die Funktion "Rechnung".

3. Öffentliche (globale) Variablen

Soll eine Variable oder Konstante in allen Modulen des Projekts gelten, also auch außerhalb des Moduls, in dem sie deklariert ist, so wird diese Variable ebenfalls vor dem ersten Programm im Modulkopf deklariert. Dabei wird das Schlüsselwort **Dim** durch **Public** ersetzt.

```
Option Explicit

Public Ergebnis as Single

Public Function Rechnung()
    ..
```

**Statische Proze-
duren und
Variable**

Grundsätzlich gilt, dass die lokalen Variablen eines Unterprogramms ihre Werte verlieren, wenn das Unterprogramm beendet
ist und wieder zurück zur Aufrufstelle gesprungen wird. Soll dies
verhindert werden, da man bei weiteren Aufrufen auf diese Ergebnisse zurückgreifen möchte, können Unterprogramme zusätzlich das Attribut **Static** erhalten.

```
Public Static Function Rechnung()
```

Dies gilt auch für Programme, die außerhalb des Moduls nicht
sichtbar sind (**Privat** statt **Public**), und für Prozeduren (**Sub** statt
Function).

Soll lediglich eine Variable ihren Wert bis zum nächsten Prozeduraufruf behalten, so kann dies adäquat festgelegt werden.

```
Static Zahl As Integer
```

4.5   Zusammenfassung anhand des Beispiels "Fitnessbereich"

Zur besseren Nachvollziehbarkeit wird im Folgenden ein Beispiel
aufgezeigt, an dem die Funktionsweise von Unterprogrammen
zusammenfassend verdeutlicht wird. Nach der Problemdefinition
werden der Algorithmus im Struktogramm und daraufhin das VB-
Programm entwickelt.

**Problemdefinition
Fitnessbereich**

Das vorliegende Programm soll in einem Sportstudio zur Berechnung von Beitragsgebühren für den Fitnessbereich eingesetzt
werden. Für andere Bereiche wie den Squash- und Tennis-
bereich werden zu einem späteren Zeitpunkt weitere Programme
zur Preisberechnung eingesetzt. Sie interessieren uns im Moment
lediglich in Hinblick auf die Erweiterbarkeit des zu entwickelnden Programms.

Unsere Aufgabe ist die monatliche Beitragsberechnung für den
Fitnessbereich. Der Grundpreis beträgt 150 €. Kinder bekommen
eine Ermäßigung von 40% und Studenten eine von 20%. Alle anderen zahlen den Grundbetrag. Der berechnete Preis pro Monat
soll ausgegeben werden.

Daraufhin wird im Programm eine Prüfung durchgeführt, ob ein
längerfristiger Vertrag gewünscht wird. Für einen Halbjahresver-

trag gibt es eine Preisreduzierung pro Monat um 5% und bei Abschluss eines Ganzjahresvertrags um 10%.

Da diese Dauerermäßigung für alle Bereiche des Sportstudios und nicht nur für den Fitnessbereich gilt, sollte diese Prüfung in einer Prozedur stattfinden. Auf diese Weise können später zu schreibende Programme für die Preisberechnungen des Squash- und Tennisbereichs auf diese bereits vorhandene Prozedur zugreifen.

Entwicklung des Algorithmus

Unterprogrammaufrufe werden im Struktogramm des Hauptprogramms wie eine einzelne Handlungsanweisung behandelt. In Abb. 4.4 wird das Unterprogramm "Aboanfrage" mit der Anweisung "Aufruf Aboanfrage" angesprungen.

Das Unterprogramms wird in einem eigenen Struktogramm in Abb. 4.5 dargestellt. Das Unterprogramm "Ausgabe" in Abb. 4.6 wird lediglich zur Verdeutlichung der Programmabläufe bei der Verwendung von Prozeduren eingeführt. In der Praxis ist eine solche Prozedur nur dann sinnvoll, wenn eine aufwendige Ausgabeoperation durchgeführt wird.

Struktogramm "Fitnessbereich"

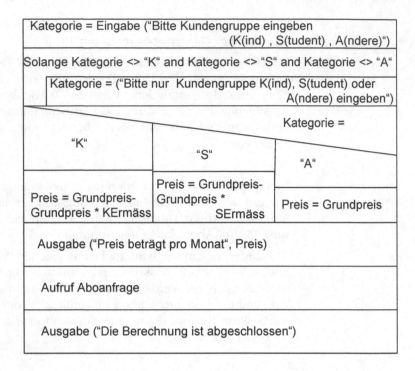

Abb. 4.4 Struktogramm zum Hauptprogramm "Fitnessbereich"

Struktogramm "Aboanfrage"

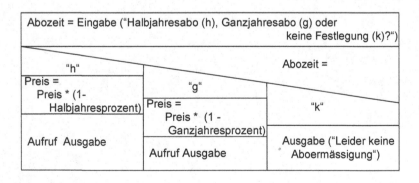

Abb. 4.5 Struktogramm zum Unterprogramm "Aboanfrage"

Struktogramm "Ausgabe"

Ausgabe ("Der durch die Dauer reduzierte Preis ist", Preis)

Abb. 4.6 Struktogramm zum Unterprogramm "Ausgabe"

Anwendung von Konstanten

In Abb. 4.4 wird mit den Konstanten "KErmäss" und "SErmäss" zur Berechnung der Preisreduzierung gearbeitet. Dies hat den Vorteil, dass bei Änderungen der Ermäßigungen lediglich im Programmkopf einmal diese Änderung erfolgen muss, egal wie häufig diese Konstante im Programm verwendet wird.

In der Prozedur "Aboanfrage" in Abb. 4.5 könnte vergleichbar zum Hauptprogramm eine Korrektheitsprüfung bei Eingabe der "Abozeit" erfolgen. Aus Übersichtsgründen wurde diese zusätzliche Schleife weggelassen.

Wünscht der Anwender in der Prozedur "Aboanfrage" keine Festlegung in der Abozeit ("k") , wird ihm dies mitgeteilt. Für die beiden anderen Fälle ("h"alb- und "g"anzjahresabo) erfolgt eine weitere Preisreduzierung. Sie wird dem Anwender in der in Abb. 4.6 dargestellten Prozedur "Ausgabe" bekannt gegeben.

Das Programm "Fitnessbereich"

```
Option Explicit

Public Const KErmäss = 0.4
Public Const SErmäss = 0.2
Dim Preis As Single
Public Function Fitnessbereich()

Const Grundpreis = 150
Dim Kategorie As String

Kategorie = InputBox("Bitte Kundengruppe eingeben
                      K(ind), S(tudent), A(ndere)")


Select Case Kategorie
   Case "K"
        Preis = Grundpreis - Grundpreis *
                                KErmäss
   Case "S"
        Preis = Grundpreis -Grundpreis *
                                SErmäss
   Case "A"
        Preis = Grundpreis
End Select
```

```
                   MsgBox ("Der Preis beträgt pro Monat " &
                            Format$(Preis, "0.00 €")
```

Aufruf
"Aboanfrage"

```
                   Call Aboanfrage

                   MsgBox ("Die Berechnung ist abgeschlossen")

                   End Function
```

Unterprogramm
"Aboanfrage"

```
                   Public Sub Aboanfrage()

                   Const Halbjahrprozent = 0.05
                   Const Ganzjahrprozent = 0.1

                   Dim Abozeit As String

                   Abozeit = InputBox("Möchten Sie ein Halbjahresabo
                                  (h), Ganzjahresabo(g) oder keine
                                  Festlegung(k)?")

                   Select Case Abozeit
                      Case "h"
                       Preis = Preis * (1-Halbjahrprozent)
```

Aufruf "Ausgabe"

```
                       Call Ausgabe
                      Case "g"
                       Preis = Preis * (1- Ganzjahrprozent)
                       Call Ausgabe
                      Case "k"
                       MsgBox ("Leider keine Aboermäßigung")
                   End Select

                   End Sub
```

Unterprogramm
"Ausgabe"

```
                   Private Sub Ausgabe()

                   MsgBox ("Der durch die Abodauer reduzierte Preis ist:
                            " & FormatNumber(Preis, 2) & " €")

                   End Sub
```

Zu Beginn des Programmtextes werden Konstanten "KErmäss" und "SErmäss" mit **Public** deklariert. Da diese Ermäßigungen für alle Bereiche des Sportstudios gelten, kann von anderen Modulen, z. B. zur Preisberechung im Squashbereich, auf sie zurückgegriffen werden.

Die Abarbeitung des Programms beginnt im Hauptprogramm mit dem Namen "Fitnessbereich". Die Konstante "Grundpreis" und die Variable "Kategorie" sind lokale Variablen, d. h. sie existieren nur in dieser Funktion.

Nachdem der Preis abzüglich Ermäßigung berechnet und ausgegeben wurde, wird die Prozedur "Aboanfrage" aufgerufen.

Der Rechner springt aus der Funktion "Fitnessbereich" und sucht im eigenen Modul nach einem Unterprogramm mit dem Namen "Aboanfrage". Findet er es hier nicht, werden alle übrigen Module des Projekts daraufhin untersucht, ob es ein Unterprogramm mit diesem Namen und dem Attribut **Public** gibt. Findet er keine entsprechende Ansprungstelle, liefert er eine Fehlermeldung. In diesem Fall liegt ein Laufzeitfehler vor.

In der Prozedur "Aboanfrage" liegt die lokale Variable "Abozeit" vor sowie die möglichen Ermäßigungen als Konstante. Dies macht Sinn, da nur in dieser Prozedur Ermäßigungen über die Zeit verrechnet werden. Der Programmierer weiß, dass alle dieses Thema betreffenden Daten auch in diesem Unterprogramm anzutreffen sind. In diesem Zusammenhang muss er sich bei Programmfehlern oder eventuellen Änderungen um kein weiteres Programmteil kümmern, unabhängig von der Größe des Gesamtprogramms.

Die Prozedur "Ausgabe" ist **Private**, d. h. sie kann nur von Programmen **dieses** Moduls genutzt werden.

Nach Abarbeitung der Prozedur "Ausgabe", springt der Rechner an die Aufrufstelle des aufrufenden Programms "Aboanfrage" zurück. Da auch dieses Unterprogramm nun beendet ist, wird zurück zur Aufrufstelle dieses Programms gesprungen. Der Rechner ist also wieder im Hauptprogramm "Fitnessbereich", und es wird die dem Aufruf folgende Anweisung

```
msgbox ("Die Bearbeitung ist beendet")
```

ausgeführt und das gesamte Programm beendet.

Übungsaufgabe 4.1

In einem Reisebüro werden Reisen nach Paris mit unterschiedlichen Anreisemöglichkeiten angeboten. Der Grundpreis beträgt für eine Übernachtung € 90.- pro Person. Für die Anfahrt im eigenen Auto wird kein weiterer Aufpreis erhoben. Wird eine Busfahrt gewünscht, so kommt neben der Anzahl gewünschter Übernachtungen ein Pauschalbetrag von € 200.- hinzu. Für die Anreise mit dem Flugzeug erhöht sich der Gesamtbetrag um € 350.- und für die Zugfahrt um € 290.-. Bei zwei Personen erhöht sich der berechnete Preis auf das 1,5-fache.

Ermitteln Sie den zu zahlenden Gesamtbetrag unter Berücksichtigung der Anzahl der gewünschten Übernachtungen, der gewählten Anreiseart ("A" für Auto, "B" für Bus, "F" für Flugzeug und "Z" für Zugfahrt) und der Anzahl der Personen (1 oder 2 Personen).

Es sollte außerdem geprüft werden, ob der Kunde die Fahrt nach Paris in der Nebensaison gewählt hat und daher eine Ermäßigung von 10% bekommt. Da sich die Nebensaisonzeit und die Höhe der Ermäßigungen gelegentlich ändern, sollte diese Prüfung in einer Prozedur realisiert werden. Die Gesamtausgabe erfolgt unverändert im Hauptprogramm. Ziel ist es, bei Änderungen der Ermäßigung lediglich die Prozedur und sonst keinen Programmbestandteil zu ändern.

Zur Überprüfung, ob eine Nebensaisonzeit vorliegt, sollte der Urlaubsmonat (als ganze Zahl) eingegeben werden. November und Februar sind Nebensaisonzeiten. Falls eine Ermäßigung in Frage kommt, werden 10% vom Fahrpreis abgezogen. Es erscheint eine Meldung auf dem Bildschirm, z. B. "Sie erhalten einen Saisonrabatt". Das Ergebnis wird dem Hauptprogramm wieder zur Verfügung gestellt.

Im Programm sollte die Möglichkeit vorgesehen werden, nach erfolgter Berechnung sowie zugehöriger Ausgabe wiederholt Berechnungen durchführen zu können.

4.6   Parameter

Gründe für die Parametrisierung

Für eine weitgehende Unabhängigkeit der einzelnen Programmteile voneinander hat der Programmierer dafür Sorge zu tragen, dass möglichst wenig globale und modulweite Variablen existieren. Ein Fehler, der in Zusammenhang mit solchen Variablen auftaucht, führt dazu, dass das gesamte Programm durchgearbeitet werden muss, um ihm auf die Spur zu kommen.

Die Fehlersuche in lokalen Variablen ist hingegen auf genau die Prozedur beschränkt, in der sie bekannt sind. Auch eine von mehreren Programmierern durchgeführte Programmentwicklung kann nur dann erfolgreich durchgeführt werden, wenn möglichst wenige gemeinsame, d. h. modulweite oder globale Variablen genutzt werden, da die Weitergabe und Verwendung von gemeinsamen Informationen eine große Fehlerquelle darstellt.

Nun gibt es aber einige Variablen, die für die Kommunikation zwischen aufrufendem und aufgerufenem Programm notwendig sind. Sehen wir uns die Variable "Preis" im vorigen Beispiel "Fitnessbereich" an.

Sie wird unter Berücksichtigung der entsprechenden Ermäßigung im Hauptprogramm mit einem Wert versehen. Auf diesen Wert wird die Zeitermäßigung im Unterprogramm "Aboanfrage" bezogen. D. h. "Aboanfrage" braucht ihn als Ausgangspunkt für seine Berechnungen.

Lassen wir diese Variable als modulweit bekannte Variable stehen, so wissen wir nicht, in welchen Unterprogrammen des Moduls diese Variable verwendet wird, d. h. wir müssen bei Fehlern bzw. Änderungen das gesamte Modul durcharbeiten.

Ein Aspekt zur Einführung der **Parametrisierung** von Prozeduren und Funktionen ist daher die Herstellung von Transparenz bei der Kommunikation zwischen einzelnen (Unter-)Programmen, so dass modulweite Variablen vermieden werden. Mit der Parametrisierung wird deutlich, welche Module über welche Variablen miteinander kommunizieren. Die Nutzung von Parametern ist Gegenstand der folgenden Abschnitte.

4.6.1   Aktuelle und formale Parameter

Zur Erläuterung und Unterscheidung **aktueller** und **formaler** Parameter wird ein einfaches Programm hinzugezogen.

```
Public Function NettoBrutto()

Dim Lohnkosten As Single

Lohnkosten = InputBox("momentane
                            Lohnkosten?")
Call MWS (Lohnkosten)
...
End Function
```

```
Public Sub MWS(Geldbetrag As Single)
Const Steuersatz = 16

Geldbetrag = Geldbetrag + Geldbetrag *
                            Steuersatz / 100
End Sub
```

aktuelle Parameter Vom Benutzer wird die Eingabe für "Lohnkosten" vorgenommen. Mit diesem Wert wird die Prozedur "MWS" aufgerufen. In den Klammern hinter dem Prozeduraufruf wird der **Parameter**, d. h. die Variable angegeben, die mit dem Unterprogramm kommuniziert. Der hinter dem Prozeduraufruf stehende Parameter ist der **aktuelle Parameter**

```
call MWS (Lohnkosten)
```

formale Parameter Zu jedem aktuellen Parameter muss es im **Kopf des Unterprogramms** einen entsprechenden **formalen Parameter** geben. Unter diesem Namen wird im Unterprogramm mit dem Wert von Lohnkosten gearbeitet

```
Public Sub MWS (Geldbetrag As Single)
..
End Sub
```

Die Namen der aktuellen und formalen Parameter müssen nicht übereinstimmen, die **Datentypen** müssen aber zueinander passen.

So können

- String-Variablen nur an String-Variable des formalen Parameters,

- Single-Variable nur an Single oder Double Variablen übergeben werden,

- Ein aktueller Parameter vom Typ **Integer** kann auf einen formalen Parameter vom Datentyp **Single** abgebildet werden, allerdings nicht umgekehrt. Eine Nachkommastellen-Zahl passt nicht in eine als ganze Zahl dargestellte Variable.

4.6.2 Übergabemechanismen

Je nach Verwendungszweck lassen sich verschiedene Mechanismen der Parameterübergabe unterscheiden, die **Wert-** und **Referenzübergabe.**

Wertübergabe

Bei Aufruf der Prozedur wird der Wert des aktuellen Parameters in den formalen Parameter kopiert. Daher auch die Bezeichnung "call by value". D. h. es wird eine neue Variable (ein neues Stück Speicherplatz) geschaffen, mit der dann in der Prozedur gearbeitet wird.

Das im vorigen Abschnitt eingeführte Programm "NettoBrutto" dient, etwas erweitert, zur Erläuterung dieses Verfahrens.

Hauptprogramm "Nettobrutto"

```
Public Function NettoBrutto()
Dim Lohnkosten As Single
Dim Materialkosten As Single

Lohnkosten = InputBox("Netto-Lohnkosten?")
Call MWS((Lohnkosten))

Materialkosten = InputBox("Netto-Materialkosten?")
Call MWS((Materialkosten))
End Function
```

**Unterprogramm
"MWS"**

```
Public Sub MWS(Geldbetrag As Single)

Const Steuersatz = 16

Geldbetrag = Geldbetrag + Geldbetrag * Steuersatz /
                              100
MsgBox ("Der Bruttobetrag ist:" & Geldbetrag)

End Sub
```

Nehmen wir an, der Benutzer hat als Lohnkosten den Wert **100** eingegeben. Die Prozedur "MWS" wird nun mit dem aktuellen Parameter "Lohnkosten" aufgerufen. Mit dem Sprung ins Unterprogramm wird der formale Parameter als Variable neu eingerichtet und der Wert des aktuellen Parameters, hier **100**, dieser neu eingerichteten Variablen, in unserem Beispiel "Geldbetrag", zugewiesen.

In der Prozedur wird dann mit der Variablen "Geldbetrag" gearbeitet. Der Steuersatz von **16** wird auf den "Geldbetrag", also **100**, aufgeschlagen und das Ergebnis, der Wert **116** wird "Geldbetrag" zugewiesen. Damit ändert sich der Inhalt der Variablen im Unterprogramm.

Da auf die Variable "Lohnkosten" des Hauptprogramms nicht zugegriffen wurde, behält sie unverändert den alten Wert **100**. Änderungen an der neu geschaffenen Variablen des Unterprogramms sind im Hauptprogramm nicht sichtbar.

Mit Rücksprung ins Hauptprogramm wird der Speicherplatz für diese Variable wieder freigegeben, die Variable existiert nicht mehr. Erst beim nächsten Aufruf

```
call MWS ((Materialkosten))
```

wird sie wieder neu eingerichtet. Diesmal wird ihr der Wert von "Materialkosten" übergeben, der dann in der Prozedur in der Variablen "Geldbetrag" weiterverarbeitet wird, ohne den Wert des akuellen Parameters zu ändern.

Eingabeparameter

Werteparameter werden daher auch als **Eingabeparameter** bezeichnet. Es wird ein Wert an die Prozedur übergeben, aber es

werden keine Werte an das aufrufende Programm zurückgeliefert, die durch Operationen in der Funktion berechnet wurden.

Wertübergabe in VB

Dieser Übergabemechanismus wird durch eine doppelte Klam-
mersetzung beim **Proceduraufruf** gekennzeichnet, z. B.

```
call MWS (( Lohnkosten ))
```

Alternativ kann die Kennzeichnung einer "by value"-Übergabe im
Procedurkopf festgelegt werden

```
Public Sub MWS (ByVal Geldbetrag As Single)
```

Bei dieser Art der Parameterübergabe kann der aktuelle Parameter bestehen aus

a. einem konkreten Wert (Literal), z. B.

```
call MWS((150))
```

b. aus einer Konstanten,

```
Public Function Kurse()

Const Gruppentarif = 0.1

call Ermässigung ((Gruppentarif))

End Function
```

c. einer Variablen.

```
call MWS ((Lohnkosten))
```

Die in Abb. 4.1 a-d abgebildeten Funktionen haben als Eingabeparameter ein Literal wie unter Punkt a oben dargestellt. Alternativ kann als Parameter eine Variable des entsprechenden Da-

tentyps eingesetzt werden. In diesem Fall liegt der obige Fall c vor.

Referenzübergabe   Bei der **Referenzübergabe** wird eine **Referenz** auf den aktuellen Parameter übergeben. D. h. es wird keine neue Variable eingerichtet, sondern vom Unterprogramm aus auf die Variable (also das Stück Speicherplatz) des aktuellen Parameters zugegriffen.

```
Public Function NettoBrutto2()

Dim Lohnkosten As Single
Dim Materialkosten As Single
Dim Summe As Single

Lohnkosten = InputBox("Lohnkosten?")
Materialkosten = InputBox("Materialkosten?")
Summe = Lohnkosten + Materialkosten
MsgBox ("Die Summe der Nettokosten beträgt:" & Summe)

Call MWS(Lohnkosten)

Call MWS(Materialkosten)

Summe = Lohnkosten + Materialkosten
MsgBox ("Die Summe der Bruttokosten beträgt:" &
                                    Summe)
End Function


Public Sub MWS(Geldbetrag As Single)
Const Steuersatz = 16

Geldbetrag = Geldbetrag + Geldbetrag * Steuersatz /
                                    100
End Sub
```

Erinnern wir uns an das Bild der Schublade, das wir bei der Einführung von Variablen in Kapitel eins genutzt haben. Sie ist mit einem Etikett mit dem Namen der Variablen versehen.

Bei Aufruf der Prozedur wird der Name des formalen Parameters, hier "Geldbetrag", als Etikett auf die **Schublade** der Variablen des aktuellen Parameters geklebt. D. h. beim ersten Aufruf der Prozedur "MWS" wird in unserem Beispiel ein zweites Etikett "Geldbetrag" auf die Schublade der Variablen "Lohnkosten" geklebt. Für die Dauer der Abarbeitung der Prozedur hat die Variable damit zwei Namen. Einen, über den sie aus dem aufrufenden Programm ansprechbar ist, "Lohnkosten", und einen, über den sie aus dem Unterprogramm ansprechbar ist, "Geldbetrag".

Während des Ablaufs der Prozedur wird nun der Inhalt der Variablen "Geldbetrag" geändert. Wird die Prozedur mit dem Wert **100** aufgerufen, steht der Wert **116** am Ende der Prozedur in der Variablen "Geldbetrag". Nach Abarbeitung der Prozedur wird das zweite Etikett, in unserem Fall "Geldbetrag", wieder von der Schublade entfernt, so dass nach Rücksprung ins aufrufende Programm die Variable wieder nur mit einem Namen, nämlich "Lohnkosten", existiert.

Die Konsequenz ist, dass alle Änderungen an "Geldbetrag" **innerhalb des Unterprogramms** für das aufrufende Programm über den aktuellen Parameter "Lohnkosten" verfügbar sind.

Beim nächsten Aufruf der Prozedur wird auf die Variable "Materialkosten" für die Dauer der Abarbeitung der Prozedur das zweite Etikett "Geldbetrag" geklebt, so dass auch hier die Änderungen an "Geldbetrag" über die Variable "Materialkosten" nach Abarbeitung der Prozedur und Rücksprung ins Hauptprogramm verfügbar sind.

Ausgabeparameter

Referenzparameter werden daher auch als **Ausgabeparameter** bezeichnet, da das Hauptprogramm Ergebnisse des Unterprogramms zurückgeliefert bekommt.

Wenn der Benutzer den Wert **100** für die "Lohnkosten" und den Wert **50** für "Materialkosten" eingegeben hat, wird in unserem Beispiel mit der ersten Ausgabe des Werts der Variablen "Summe" der Wert **150** und mit der zweiten Ausgabe **174** angezeigt.

Dieser Parameterübergabemechanismus ist die Standardübergabe, sie wird beim Aufruf nicht gesondert gekennzeichnet.

Im **Prozedurkopf** kann er entsprechend dem Eingabeparameter festgelegt werden

```
Public Sub MWS (ByRef Geldbetrag As Single)
```

Parameterliste

Bei der Nutzung mehrerer Parameter bei einem Prozeduraufruf werden diese in der Reihenfolge aufeinander abgebildet: 1. aktueller Parameter 1. formaler Parameter usw. Hierbei ist es durchaus möglich, die Übergabemechanismen zu wechseln, also 1. Parameter "by value", 2. Parameter "by reference" usw. Dies kann der Fall sein, wenn man im Hauptprogramm mit dem aktuellen Parameter, z. B. einem Nettobetrag, weitere Berechnungen durchführen und zusätzlich den Bruttobetrag verfügbar haben möchte.

Vorteile der Parametrisierung

Die Parametrisierung von Unterprogrammen ermöglicht eine weitgehende Unabhängigkeit von aufrufendem und aufgerufenem Programm. Lediglich die Anzahl der Parameter und die verwendeten Datentypen der Parameter müssen koordiniert werden, alles andere kann jeder Programmierer in seinem Unterprogramm selbst festlegen. Auf diese Weise werden Fehler in der gemeinsamen Nutzung von Variablen, wie falsche Schreibweise des Namens usw., weitgehend vermieden.

Ein weiterer wichtiger Punkt ist die Wiederverwendbarkeit solcher Module. Neue Programme können so, besonders wenn sie in ähnlichen Anwendungsbereichen geschrieben werden, bereits geschriebene Programmteile wieder verwenden. Der Programmieraufwand für das neue Programm kann sich auf diese Weise wesentlich reduzieren.

Ein weiterer Schritt in diese Richtung wird mit der objektorientierten Programmierung vollzogen, auf die wir im siebten Kapitel eingehen werden.

Übungsaufgabe

Übungsaufgabe 4.2

    a.   Führen Sie in unserem Beispielprogramm "Fitnessbereich" aus Kapitel 4.5 Parameter ein, so dass keine modulweiten oder globalen Variablen mehr existieren.

b.   Erweitern Sie die Übungsaufgabe 4.1 "Reisebüro" so, dass mit Parametern gearbeitet wird und keine globalen Variablen im Programm vorliegen.

4.7   Rekursive Funktionen

Grundsätzlich lassen sich Funktionen in zwei Varianten implementieren

- iterativ und

- rekursiv.

Bisher haben wir iterative Funktionen verwendet. Hierbei werden sich wiederholende Rechenoperationen schrittweise in Schleifen durchgeführt. Gegenstand dieses Abschnitts ist die Formulierung rekursiver Funktionen.

Problemdefinition "Fakultäts- berechnung"

Zur Verdeutlichung nehmen wir ausnahmsweise ein mathematisches Beispiel, die Berechnung der Fakultät. Die Fakultät einer Zahl ist die Multiplikation mit ihren Vorgängerzahlen.

Die Fakultät von 3 ist

```
3! = 1 * 2 * 3 = 6 oder allgemein

n! = 1 * 2 * 3 * ......* n.
```

Eine Zusatzdefinition gehört notwendigerweise noch zur Fakultät

```
0! = 1
```

Erstellen wir zunächst eine iterative Funktion und vergleichen sie anschließend mit dem rekursiven Ansatz.

Da dieses Programm sehr klein ist, verzichten wir an dieser Stelle auf die Darstellung des Algorithmus im Struktogramm.

**Hauptprogramm
mit Aufruf
"Fakultaet"**

```
Public Function Fakultätsberechnung()

Dim n As Integer
n = InputBox("Die Fakultät von welcher Zahl möchten
                        Sie berechnen?")
MsgBox ("Die Fakultät von " & n & " ist " &
                        Fakultaet(n))
End Function


Public Function Fakultaet(Wert As Integer)

Dim Zaehler As Integer, Produkt As Integer

If Wert = 0 Then
        Fakultaet = 1
Else:   Produkt = 1
        For Zaehler = 1 To Wert
                Produkt = Produkt * Zaehler
        Next Zaehler
        Fakultaet = Produkt
End If

End Function
```

Fakultät iterativ

Im Hauptprogramm "Fakultätsberechnung" wird der Benutzer zu Beginn gefragt, von welcher Zahl er die Fakultät berechnen möchte. Der eingegebene Wert wird in der Variablen "n" abgespeichert.

Gleich die nächste Anweisung ist bereits die Ausgabeanweisung, da innerhalb dieser Anweisung die Funktion "Fakultaet" mit dem Parameter "n" als Referenzparameter aufgerufen wird.

In der Funktion "Fakultaet" wird mit dem formalen Parameter "Wert" gearbeitet. Ist der Inhalt des Parameters 0, wird in der Alternative der Then-Teil ausgeführt und das Ergebnis 1 ins Hauptprogramm geliefert.

Im else-Teil wird zu Beginn die Variable "Produkt" auf den Ausgangswert 1 gesetzt und daraufhin in einer For..Next-Schleife das Produkt solange erhöht, bis der Endwert erreicht ist.

Das dann erzielte Produkt wird als Ergebnis des Funktionsaufrufs an das Hauptprogramm geliefert (siehe auch Abschnitt 4.1.1 Aufbau von Funktionen)

Im nächsten Schritt formulieren wir die Funktion "Fakultaet" rekursiv. Da das Hauptprogramm "Fakultätsberechnung" unverändert bleibt, beschränken wir uns auf die Darstellung der rekursiven Funktion.

```
Public Function Fakultaet(Wert As Integer)
```

Fakultät rekursiv

```
    If Wert = 0 Then
        Fakultaet = 1
    Else: Fakultaet = Wert * Fakultaet(Wert - 1)
    End If

End Function
```

In dieser Funktion ruft "Fakultaet" sich selbst wieder auf und zwar mit einem um 1 reduzierten Wert. Dies geschieht solange, bis die Funktion mit einem vom Programmierer festgelegten Endwert aufgerufen wird.

In unserem Fall ist der Endfall beim Aufruf der Funktion mit **0** als Inhalt des Parameters "Wert" eingetreten. An dieser Stelle liefert die Funktion erstmals ein Ergebnis zurück, nämlich **1** gemäß der Definition der Fakultät 0! = 1.

Sehen wir uns dieses Verfahren genauer an und unterstellen den Aufruf der Funktion aus dem Hauptprogramm mit n = 3.

Funktions-aufruf	Rechnung
1	Fakultaet(3) = 3 * Fakultaet(2)
2	Fakultaet(2) = 2 * Fakultaet(1)
3	Fakultaet(1) = 1 * Fakultaet(0)
4	Fakultaet(0) = 1

Abb. 4.7 rekursive Fakultätsberechnung

Die Formulierung der Rekursion sieht grundsätzlich zwei Fälle vor. Der Sonderfall entspricht dem Ende der Rekursion, da an dieser Stelle erstmalig ein Ergebnis geliefert wird. Für alle anderen Fälle ruft sich die Funktion bis zu ihrem Endfall immer wieder mit einem geänderten Parameterwert selbst auf.

Wie in Abb. 4.7 dargestellt, wird nach dem Erreichen des Endfalls die erste Berechnung durchgeführt, die dann wieder die Grundlage für die Berechnung des vorhergehenden Aufrufs ist usw. In der Informatik wird der Vorgang nach Beenden der rekursiven Aufrufe auch als "nachklappern" bezeichnet.

Beim dritten Durchlaufen der Funktion "Fakultaet" wird die "Fakultaet(0)" aufgerufen. Die Funktion wird mit dem Parameter **0** durchlaufen und liefert das Ergebnis **1**, da in den Then-Teil der Alternative gesprungen wird. Dieses Ergebnis wird im dritten Funktionsaufruf in Abb. 4.7 an die Aufrufstelle von "Fakultaet(0)" gesetzt.

Nun kann die "Fakultaet(1)" mit **1*****1** berechnet werden und das Ergebnis **1** wird an die Aufrufstelle der Fakultaet(1) gesetzt.

Wir befinden uns nun in der Abb. 4.7 "nachklappernd" im zweiten Funktionsaufruf. Die Fakultaet wird hier berechnet mit **2*****1** und das Ergebnis **2** wird an die Stelle des Funktionsaufrufs im ersten Aufruf des Unterprogramms gesetzt. Hier wird nun **3** mit **2** multipliziert und das Ergebnis ans Hauptprogramm geliefert.

**Vor- und Nachteile
Rekursion**

Die Rekursion ist eine elegante Form der Formulierung von Algorithmen. Man erkennt, dass das Programm kürzer ist als in der iterativen Variante. Er stellt einen vielen Problemen adäquaten Lösungsansatz dar.

Ein Nachteil ist allerdings die enorme Anforderung an die Kapazität des Arbeitsspeichers. Bei vielen rekursiven Aufrufen müssen sehr viele Informationen gemerkt werden, da sie erst beim "Nachklappern" berechnet werden.

Übungsaufgabe

Übungsaufgabe 4.3

Erstellen Sie den Algorithmus "Addition einer Anzahl von Zahlen" (siehe Kapitel eins und zwei) rekursiv.

5 Komplexe Datentypen

Bisher haben wir im zweiten Kapitel mit verschiedenen einfachen Datentypen gearbeitet. Variablen mit einfachen Datentypen waren dadurch bestimmt, dass jeweils ein Wert des spezifizierten Datentyps in ihnen abgelegt werden konnte. In nahezu allen Programmiersprachen gibt es die Möglichkeit, mit so genannten **zusammengesetzten** oder **komplexen** Datentypen zu arbeiten. Ihnen ist gemeinsam, dass wir mehrere Werte nebeneinander dort abspeichern können. Im Folgenden werden zwei dieser Datentypen vorgestellt, das Array und der Record.

5.1 Das Array

5.1.1 Funktionsweise

Problemdefinition "Schülerzahlen"

Wir möchten ein Programm schreiben, in dem die Schülerzahlen von vier Grundschulklassen gespeichert werden sollen. Am Tag der offenen Tür sollen am Morgen die Daten einmal eingegeben werden, und daraufhin soll der Benutzer des Programms die Möglichkeit haben, einen Klassennamen (Klassen 1 bis 4) einzugeben und sich daraufhin die Anzahl der Schüler dieser Klasse anzeigen zu lassen.

An der Aufgabenstellung wird zunächst die Funktionsweise eines Arrays erläutert und der Algorithmus schrittweise im Struktogramm entwickelt. Abschließend wird das vollständige Visual Basic-Programm abgebildet.

Um die Problemstellung zu lösen bietet es sich an, ein **Array** zu verwenden, da wir mit unseren bisherigen Mitteln Probleme mit der Implementierung bekämen. Wir müssten vier Variablen deklarieren und könnten die Suche nach einer speziellen Klassengröße nur umständlich durchführen.

Array

Unter einem **Array**, manchmal auch als **Felddatentyp** bezeichnet, verstehen wir eine Variable, die in verschiedene

Fächer unterteilt ist. Jedes Fach kann durch einen eindeutigen Index angesprochen werden.

Alle Werte, die in einem Array abgespeichert werden, sind **vom selben Datentyp**.

Schülerzahl:

Indexnummer	1	2	3	4
Inhalt	17	28	23	25

Abb. 5.1 Aufbau des Arrays "Schülerzahl"

In Abb. 5.1 haben wir ein Array mit dem Namen Schülerzahl eingerichtet. Im Fach mit dem Index oder anders gesagt mit der Nummer **1** ist die Zahl **17** abgespeichert, im Fach mit der Nummer **2 28** usw.

Die Indexnummern entsprechen in der vorliegenden Aufgabenstellung den Nummern der vier Klassen. Die Inhalte der einzelnen Fächer des Arrays entsprechen der jeweiligen Klassengröße.

statische Arrays Um ein solches Array zu nutzen muss die Deklaration

```
Dim Schülerzahl(1 to 4) As Integer
```

erfolgen. Wie üblich beginnen wir mit dem Schlüsselwort Dim gefolgt von dem Namen der Variablen. Hinter dem Namen erscheint in runden Klammern die Angabe der Größe des Arrays durch die Angabe des ersten und letzten Index. In unserem Fall handelt es sich um ein Array mit der ersten Fachnummer **1** und der letzten Fachnummer **4**. Der hintere Teil der Deklaration entspricht den uns bereits bekannten Variablendeklarationen. Es handelt sich hier um ein Array, in dessen Fächer nur ganze Zahlen eingelesen werden dürfen.

Visual Basic sieht auch die Möglichkeit vor, lediglich die Größe des Arrays anzugeben.

```
Dim Schülerzahl(4) As Integer
```

Da standardmäßig mit der Fachnummer 0 begonnen wird, ist es sinnvoller, die erste Fachnummer explizit mit anzugeben. Ansonsten müssten die Schülerzahlen der ersten Klasse im Fach mit der Nummer 0 und die der vierten Klasse im Fach mit der Nummer 3 gesucht werden.

Eine Möglichkeit, die Untergrenze des Arrays (erste Fachnummer) auf 1 zu setzen, ist die Angabe von

```
Option Base 1
```

vor der ersten Funktion des Moduls. Damit werden alle Arrays dieses Moduls mit der Untergrenze 1 deklariert.

Nachdem wir nun die Deklaration kennen, bleibt zu klären, wie den einzelnen Fächern des Arrays Werte zugewiesen und wie mit ihnen im Programm gearbeitet werden kann.

```
Schülerzahl(1) = 17
```

Mit dieser Zuweisung speichern wir den Wert 17 im ersten Fach des Arrays "Schülerzahl" ab.

Hinter dem Namen des Arrays wird in runden Klammern jeweils die Nummer (der Index) des Faches angegeben, in dem der Wert gespeichert werden soll.

Sehen wir uns nun die erforderliche Eingabe für unsere Beispielaufgabe an. Wir müssten für jedes der vier Fächer eine Wertzuweisung vornehmen. Die Anweisungen zur Eingabe der Schülerzahlen bei Programmstart hätten nach bisherigem Kenntnisstand folgende Struktur.

```
Schülerzahl(1) = InputBox("Schülerzahl in Klasse 1?")
Schülerzahl(2) = InputBox("Schülerzahl in Klasse 2?")
Schülerzahl(3) = InputBox("Schülerzahl in Klasse 3?")
Schülerzahl(4) = InputBox("Schülerzahl in Klasse 4?")
```

Diese umständliche und unflexible Eingabe kann dadurch verbessert werden, dass anstelle einer Zahl im Index eine Variable genutzt wird.

```
Zaehler = 1
Schülerzahl(zaehler) = InputBox("Schülerzahl in
                    Klasse" & Zaehler & " ?")
```

Auf diese Weise können wir die Eingabe wesentlich flexibler formulieren. Mit Hilfe einer Zählschleife (siehe Abschnitt 3.2.2) erfolgt die Eingabe wie in Abb. 5.2 dargestellt.

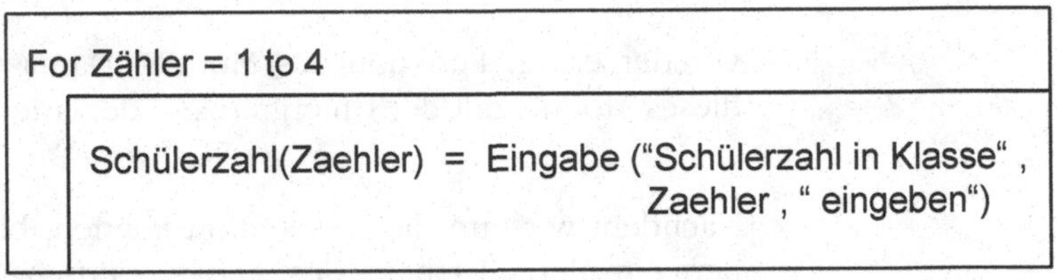

For Zähler = 1 to 4

> Schülerzahl(Zaehler) = Eingabe ("Schülerzahl in Klasse" ,
> Zaehler , " eingeben")

Abb. 5.2 Eingabe der Schülerzahlen ins Array

Damit haben wir geklärt, wie Werte den entsprechenden Fächern eines Arrays zugewiesen werden können.

Kommen wir nun zum zweiten Teil unserer Aufgabenstellung. Nach der Eingabe soll das Programm den Rest des Tages laufen, und verschiedene Benutzer können sich die Schülerzahlen einzelner Klassen ansehen.

Hierzu muss erläutert werden, wie man auf die Daten einzelner Fächer eines Arrays zugreifen kann. Mit dem Befehl

```
MsgBox ("Die Klasse 4 hat " & Schülerzahl(4) & "
                    Schüler")
```

würde der im vierten Fach gespeicherte Wert auf dem Bildschirm ausgegeben.

Grundsätzlich gilt, dass durch Angabe des Array-Namens zusammen mit dem Index, der im Anschluss an den Namen in den runden Klammern angegeben wird, auf den Inhalt eines Faches zugegriffen werden kann. Ein solcher Ausdruck kann genauso wie jede Variable einfachen Datentyps in beliebigen Handlungsanweisungen verwendet werden.

Wir können die Benutzerabfrage nun aufbauen. Damit mehrere Abfragen durchgeführt werden können, bauen wir sie in Abb. 5.3 in eine Schleife ein.

	Zaehler = Eingabe ("Geben Sie die Nummer der Klasse ein, deren Schülerzahl Sie sehen möchten!")
	Ausgabe ("Die Klasse " , Zaehler , " hat ",Schülerzahl(Zaehler) , " Schüler")
	Programmabbruch = Ausgabe ("Soll das Programm beendet werden? (j für Ja)")
Bis Programmabbruch = "j"	

Abb. 5.3 Anzeige der Klassengröße

Gibt der Benutzer die Nummer der Klasse ein, deren Schülerzahl er sehen möchte, wird diese der Variablen "Zaehler" zugewiesen. In der darauf folgenden Ausgabe wird im Array mit dem Namen "Schülerzahl" auf die Stelle, also auf das Fach der Nummer, die der Benutzer eingegeben hat, zugegriffen.

Nun können wir das vollständige Visual Basic Programm erstellen.

Programm "Klassenbelegung"

```
Public Function Klassenbelegung()

Dim Schülerzahl(1 To 4) As Integer
Dim Zaehler As Integer
Dim Programmabbruch As String
```

Eingabe ins Array

```
For Zaehler = 1 To 4

    Schülerzahl(Zaehler) =
        InputBox("Schülerzahl der Klasse " &
            Zaehler & " eingeben")

Next Zaehler
```

```
                    Do

                        Zaehler = InputBox("Geben Sie die Nummer der Klasse
                                    ein, deren Schülerzahl Sie sehen
                                    möchten!")
```

Zugriff aufs Array

```
                        MsgBox ("Die Klasse " & Zaehler & " hat " &
                                    Schülerzahl(Zaehler) & "
                                    Schüler")
                        Programmabbruch = InputBox("Soll das Programm
                                    beendet werden? (j für ja)")

                    Loop Until Programmabbruch = "j"

                    End Function
```

dynamische Arrays

Nun gibt es Fälle, in denen es zu Beginn des Programms noch gar nicht klar ist, wie viele Fächer in einem Array benötigt werden. Soll z. B. unser Programm "Klassenbelegung" für unterschiedlich viele Klassen eingesetzt werden, gibt es in Visual Basic die Möglichkeit der Nutzung dynamischer Arrays. Zu Beginn wird das Array deklariert, allerdings mit offenen Grenzen und erst später werden die Grenzen mit dem Befehl **ReDim** festgelegt.

Arraydeklaration mit ReDim

```
                    Dim Schülerzahl() AS Integer
                    .
                    .
                    Anzahl = InputBox("Für wie viele Klassen möchten Sie
                                    die Schülerzahlen erfassen?")

                    ReDim Schülerzahl (1 to Anzahl) AS Integer
                    .
                    .
```

Übungsaufgabe

Übungsaufgabe 5.1

    a. Erstellen Sie ein Programm zur Verwaltung der Stundenlöhne von vier freien Mitarbeitern. Zu Beginn werden die Stundenlöhne eingegeben. Daraufhin kann der Benutzer die Nummer eines Mitarbeiters eingeben und sich dessen Stundenlohn anzeigen lassen.

b.   Erweitern Sie das Programm so, dass es für eine beliebige Anzahl von Mitarbeitern funktioniert. Nutzen Sie ein dynamisches Array.

5.1.2   Die Nutzung von Arrays in Prozeduren

Sollen Arrays bei der Parameterübergabe verwendet werden, ist zu unterscheiden zwischen der Übergabe einzelner Fachinhalte an die Prozedur und der Übergabe des gesamten Arrays. Beide Varianten sind Gegenstand dieses Abschnitts.

Erweiterung "Schülerzahlen"

Um einzelne Fachinhalte eines Arrays als Parameter zu übergeben, erweitern wir unsere Problemdefinition "Schülerzahlen". Nach jeder Ausgabe der Schülerzahl einer Klasse soll eine Überlastprüfung dieser Klasse erfolgen. Sind mehr als 25 Kinder in einer Klasse, erscheint eine Meldung, etwa "Diese Klasse ist überfüllt".

Die Überlastprüfung findet in einer Prozedur statt.

Eine weitere Änderung des Programms ist die Nutzung eines dynamischen Arrays, so dass das Programm für unterschiedlich viele Klassen genutzt werden kann.

```
Option Explicit
Option Base 1

Public Function Klassenbelegung()

Dim Schülerzahl() As Integer
Dim Zaehler As Integer, Anzahl As Integer
Dim Programmabbruch As String
Dim Entscheidung As String

Anzahl = InputBox("Wie viele Klassen?")
ReDim Schülerzahl(Anzahl) As Integer
```

```
For Zaehler = 1 To Anzahl
  Schülerzahl(Zaehler) = InputBox("Schülerzahl der
            Klasse " & Zaehler & " eingeben")
Next Zaehler


Do
  Zaehler = InputBox("Geben Sie die Nummer der Klasse
            ein, deren Schülerzahl Sie sehen
            möchten!")
  MsgBox ("Die Klasse " & Zaehler & " hat " &
            Schülerzahl(Zaehler) & "
            Schüler")
  Call Überlastprüfung((Schülerzahl(Zaehler)))


  Programmabbruch = InputBox("Soll das Programm
            beendet werden? (j für ja)")
Loop Until Programmabbruch = "j"
End Function

Public Sub Überlastprüfung(Klassengrösse As Integer)


  If Klassengrösse > 25 Then
      MsgBox ("Diese Klasse ist überfüllt")
  End If


End Sub
```

Fachinhalte übergeben

Nach Ausgabe der Klassengröße der jeweiligen Klasse wird die Prozedur "Überlastprüfung" aufgerufen. Der aktuelle Parameter "Schülerzahl(Zaehler)" wird, da doppelte Klammern vorliegen (siehe Abschnitt 4.6.2), als Wert übergeben. Nehmen wir an, der Benutzer möchte die Schülerzahl der ersten Klasse sehen, so würde diese nach der Ausgabe an die Prozedur "Überlastprüfung" übergeben und ist damit Inhalt des formalen Parameters "Klassengröße". Da eine Wertübergabe erfolgt, kann der Inhalt des Arrays im Unterprogramm nicht geändert werden.

Ebenso ist es möglich, eine Referenzübergabe vorzunehmen, so dass ein zweites **Etikett** auf **das** Fach des Arrays geklebt wird, das dem aktuellen Parameter entspricht.

2. Erweiterung "Schülerzahlen"

Nehmen wir an, wir möchten nach der Ausgabe der Größe einer Klasse zusätzlich den Mittelwert aller Schülerzahlen angezeigt bekommen. Vereinfachend gehen wir davon aus, dass diese Berechnung ohne weitere Benutzerabfrage grundsätzlich durchgeführt wird.

Ebenso verwenden wir ein statisches Array. Zu Beginn wird "Option Base 1" gesetzt, daher kann die Deklaration verkürzt werden.

Da der Mittelwert in einer Prozedur berechnet wird, muss das gesamte Array an die Prozedur übergeben werden.

```
Option Explicit
Option Base 1

Public Function Klassenbelegung()

Dim Schülerzahl(4) As Integer
Dim Zaehler As Integer
Dim Programmabbruch As String


For Zaehler = 1 To 4
     Schülerzahl(Zaehler) = InputBox("Schülerzahl der
             Klasse "    & Zaehler & " eingeben")
Next Zaehler

Do
   Zaehler = InputBox("Geben Sie die Nummer der Klasse
                ein, dessen Schülerzahl Sie sehen
                möchten!")
   MsgBox ("Die Klasse " & Zaehler & " hat " &
                Schülerzahl(Zaehler) & " Schüler")
   Call Mittelwert(Schülerzahl())
   Programmabbruch = InputBox("Soll das Programm
                   beendet werden? (j für ja)")

Loop Until Programmabbruch = "j"
End Function
```

Arrays übergeben

```
Sub Mittelwert(Zahlenfeld() As Integer)

Dim Fachnummer As Integer, Summe As Integer

Summe = 0
For Fachnummer = LBound(Zahlenfeld) To
                         UBound(Zahlenfeld)
   Summe = Summe + Zahlenfeld(Fachnummer)
Next Fachnummer

MsgBox ("Im Durchschnitt sind " & Summe / (Fachnummer
                  - 1) & " Schüler in den Klassen")
End Sub
```

Mit dem Befehl "Call Mittelwert(Schülerzahl())" ist das gesamte Array "Schülerzahl" der aktuelle Parameter. Er wird als **Referenz** übergeben.

Hinweis Array-Übergabe

In Visual Basic ist bei der Übergabe vollständiger Arrays **nur die Referenzübergabe** erlaubt.

Im Unterprogramm arbeiten wir also über den Array-Namen (das Etikett, siehe Abschnitt 4.6.2) "Zahlenfeld" auf demselben Speicherplatz, auf den über das Etikett "Schülerzahl" aus dem Hauptprogramm zugegriffen wird.

Mit den von Visual Basic zur Verfügung gestellten Funktionen (siehe Abschnitt 4.1.1)

```
LBound(Arrayname) und UBound(Arrayname)
```

wird die Unter- bzw. Obergrenze des Arrays ermittelt, ohne dass sie bei der Parameterübergabe explizit angegeben werden muss. Hier wird der Sinn der Vorschrift, ein Array nur als Referenz übergeben zu können, deutlich. Bei der Einrichtung eines neuen Arrays aufgrund einer Wertübergabe könnten keine Unter- und Obergrenzen ermittelt werden, da die Variable des aktuellen Parameters im Unterprogramm unbekannt ist.

Besonderheit Zählschleife

Zur Berechnung des Mittelwerts wird die berechnete Summe durch "Fachnummer-1" dividiert. Zur Erinnerung, dies verdankt sich der Funktionsweise der Zählschleife. Beim Schleifenabbruch steht die Zählvariable auf dem um 1 erhöhten Endwert (siehe Kapitel 3.3)

Mit der Prozedur "Mittelwert" haben wir nun ein Unterprogramm geschaffen, das für die verschiedensten Anwendungsbereiche genutzt werden kann. Es kann unabhängig davon genutzt werden, welcher **anwendungsspezische Array-Name** und welche **Größe des eindimensionalen Arrays** im Hauptprogramm verwendet wurde.

Übungsaufgabe

Übungsaufgabe 5.2

a. Erweitern Sie die Aufgabe 5.1a "Stundenlöhne" des letzten Abschnitts, indem zu jedem ausgegebenen Stundenlohn geprüft wird, ob er im Niedriglohnbereich liegt. Dies soll bei einem Stundenlohn kleiner als 15 € der Fall sein. Nutzen Sie zur Überprüfung eine parametrisierte Prozedur.

b. Erweitern Sie die Aufgabe, so dass die Summe aller Stundenlöhne berechnet wird. Die Berechnung erfolgt ebenfalls in einer parametrisierten Prozedur.

5.1.3   Mehrdimensionale Arrays

Bisher haben wir eindimensionale Arrays kennen gelernt. Sie entsprechen in ihrem Aufbau einer Liste. Nahezu alle Programmiersprachen bieten auch die Möglichkeit, mit mehrdimensionalen Arrays zu arbeiten, z. B. mit 2-dimensionalen Arrays zur Implementierung von Tabellen. 3-dimensionale Arrays kann man sich als Würfel vorstellen. Ab dann wird die räumliche Vorstellung schwierig. In Visual Basic können bis zu maximal 60 Dimensionen definiert werden.

3. Erweiterung "Schülerzahlen"

Erweitern wir zur Verdeutlichung eines 2-dimensionalen Arrays unser Beispiel der Schülerzahlen, indem wir diese von zwei verschiedenen Schulen erfassen möchten.

Unsere Liste der Schülerzahlen aus dem vorigen Abschnitt müsste nun zweimal eingerichtet werden. Anstelle der Deklaration von zwei verschiedenen Arrays können wir dies wesentlich flexibler durch die Nutzung eines 2-dimensionales Arrays, einer Tabelle, umsetzen.

2-dimensionales Array

		Indexnummern entsprechen den Schulklassen ->			
Indexnummern entsprechen den Nummern der beiden Schulen ↓		1	2	3	4
	1	17	28	23	30
	2	20	19	26	27

Abb. 5.4 Aufbau des 2-dimensionalen Arrays

Für unser Beispiel in Abb. 5.4 sieht die Deklaration des 2-dimensionalen Arrays folgendermaßen aus:

```
Dim Schülerzahl (1 to 2, 1 to 4) As Integer
```

Mit der ersten Dimension wird die Anzahl der Schulen erfasst und mit der zweiten Dimension die Anzahl der Klassen pro Schule.

Der Zugriff auf ein Fach der Tabelle erfolgt über die Angabe der Indizes der jeweiligen Dimension:

```
Arrayname(IndexDimension1, IndexDimension2) = Wert
```

Mit der Anweisung

```
Schülerzahl(1,3) = 23
```

wird in der ersten Schule der dritten Klasse die Schülerzahl **23** zugewiesen.

Im folgenden Programm wird die Anwendung 2-dimensionaler Arrays verdeutlicht. Es bietet sich die Nutzung dynamischer Arrays mit der **Redim**-Anweisung an. So kann das Programm flexibel für eine beliebige Anzahl von Klassen und Schulen geschrieben werden. Im ersten Teil wird die Eingabe der Schülerdaten erläutert.

Redim

Array-Eingabe

```
Option Explicit

Public Function Klassenbelegung()

Dim Schülerzahl() As Integer
Dim ZaehlKlassen As Integer
Dim ZaehlSchulen As Integer
Dim AnzahlKlassen As Integer
Dim AnzahlSchulen As Integer
Dim Programmabbruch As String


AnzahlSchulen = InputBox("Wie viele Schulen?")
AnzahlKlassen = InputBox("Wie viele Klassen?")
ReDim Schülerzahl(1 To AnzahlSchulen, 1 To
                             AnzahlKlassen)
For ZaehlSchulen = 1 To AnzahlSchulen

    For ZaehlKlassen = 1 To AnzahlKlassen
        Schülerzahl(ZaehlSchulen, ZaehlKlassen)=
            InputBox("Schülerzahl der Schule "
                & ZaehlSchulen & " und der Klasse "
                & ZaehlKlassen & " eingeben")
    Next ZaehlKlassen

Next ZaehlSchulen
```

Für die Eingabe benötigen wir zwei ineinander geschachtelte Schleifen. Auf diese Weise werden zuerst für die erste Schule alle Schülerzahlen von der ersten bis zur letzten Klasse eingegeben. Dann ist die innere Schleife das erste Mal, d. h. für die erste Schule abgeschlossen und die Variable "ZaehlSchulen" der äußeren Schleife wird um eins erhöht.

113

Für die neue Schulnummer wird die innere Schleife wiederum von Anfang bis Ende durchlaufen, so dass die Schülerzahlen dieser Schule erfasst werden können. Auf diese Weise wird das Array zeilenweise bis zur letzten Schule durchlaufen.

Der zweite Teil des Programms entspricht dann im wesentlichen dem des eindimensionalen Arrays. Ein Unterschied besteht darin, dass nun zwei Benutzereingaben erforderlich sind, eine zur Angabe der Schulnummer und eine zur Angabe der Klassennummer in dieser Schule.

Zugriff aufs Array

```
Do

    ZaehlSchulen = InputBox("Über welche Schulnummer
                    möchten Sie Informationen?")
    ZaehlKlassen = InputBox("Geben Sie die Nummer der
                    Klasse ein, deren Schülerzahl
                    Sie sehen möchten!")
    MsgBox ("Die Klasse " & ZaehlKlassen &     " der
        Schule " & ZaehlSchulen & " hat " &
        Schülerzahl(ZaehlSchulen, ZaehlKlassen) &
        " Schüler")

    Programmabbruch = InputBox("Soll das Programm
                    beendet werden? (j für ja)")

Loop Until Programmabbruch = "j"

End Function
```

2-dim. Arrays als Parameter

Bei Prozeduren können dieselben Mechanismen genutzt werden, wie sie bereits für eindimensionale Arrays erläutert wurden. Der Aufruf unserer Prozedur "Überlastprüfung" aus dem vorherigen Abschnitt sähe dann entsprechend aus:

```
Call Überlastprüfung ((Schülerzahl(ZaehlSchulen,
    ZaehlKlassen)))
```

Die Prozedur kann unverändert übernommen werden.

Bei der Übergabe des **gesamten** Arrays ist der Aufruf des Unterprogramms für alle Array-Dimensionen identisch:

```
Call Mittelwert(Schülerzahl())
```

Lediglich der Inhalt der Prozedur muss entsprechend der Dimension des Arrays geändert werden, wenn die Klassen aller Schulen für die Mittelwertberechnung hinzugezogen werden sollen.

Zur Verdeutlichung wird daher das Unterprogramm "Mittelwert" für zweidimensionale Arrays erweitert.

```
Sub Mittelwert(Zahlenfeld() As Integer)

Dim Zeilennummer As Integer
Dim Spaltennummer As Integer
Dim Summe As Integer, Zaehler As Integer

Summe = 0
Zaehler = 0
```

Zugriff 2-dim. Array

```
For Zeilennummer = LBound(Zahlenfeld, 1) To
                        UBound(Zahlenfeld, 1)

    For Spaltennummer = LBound(Zahlenfeld, 2) To
                            UBound(Zahlenfeld, 2)
    Summe = Summe + Zahlenfeld(Zeilennummer,
                                    Spaltennummer)
    Zaehler = Zaehler + 1
    Next Spaltennummer

Next Zeilennummer

MsgBox ("Im Durchschnitt sind " & FormatNumber(Summe
            / Zaehler, 1) & " Schüler in den
            Klassen")
End Sub
```

Im Unterprogramm können die eingebauten Funktionen "Lbound" und "Ubound" etwas abgewandelt verwendet werden. Mit

```
Lbound(Zahlenfeld,1) bzw. Ubound(Zahlenfeld,1)
```

wird angegeben, dass in dem Array "Zahlenfeld" in der **ersten** Dimension die Unter- bzw. Obergrenze gesucht wird.

Allgemein lautet die Syntax

```
Lbound (Arrayname, Dimension) bzw.
Ubound (Arrayname, Dimension)
```

Zur Programm-struktur

In der Ergebnisausgabe der Prozedur wird der Mittelwert mit der Formel

```
Summe/Zaehler
```

berechnet. Die Variable "Zaehler" wurde hierzu explizit deklariert. Dies dient lediglich der leichteren Verständlichkeit der Berechnung. Ebenso könnte die Berechnung ohne zusätzliche Variable erfolgen:

```
Summe / (Spaltennummer-1)*(Zeilennummer-1)
```

Übungsaufgabe

Übungsaufgabe 5.3

    a.   Erweitern Sie die Übungsaufgabe 5.1a "Stundenlöhne" so, dass die Stundenlöhne der Mitarbeiter zweier Abteilungen berechnet werden. Der Einfachheit halber gehen wir davon aus, dass beide Abteilungen gleich viele Mitarbeiter haben.

    b.   Führen Sie die in Aufgabe 5.2 vorgeschlagenen Prozeduren im 2-dimensionalen Array ein.

5.2   Selbstdefinierte Datentypen (Record)

Mit dem Array haben wir die Möglichkeit, einer in verschiedene Fächer aufgeteilten Variablen mehrere Werte zuzuweisen. Allerdings müssen sie **vom selben Datentyp** sein. Es konnten also entweder z. B. Integer-, Single- oder String-Werte einem Array zugewiesen werden.

Record

Mit selbstdefinierten Datentypen kann man sich eigene zusammengesetzte Datentypen definieren, deren Komponenten mit unterschiedlichen Datentypen versehen sind.

```
Type Person
    Nachname as String
    Vorname as String
    Gehalt as Single
End Type
```

Damit ist ein **neuer Datentyp** mit dem Namen "Person" neben den bisher verwandten wie Integer, Single usw. eingerichtet worden.

Hinweis Record

Eine Type-Definition kann in Visual Basic nur <u>modulweit</u> erfolgen und damit allen Programmen und Unterprogrammen dieses Moduls zur Verfügung gestellt werden.

Soll eine Type-Definition auch in anderen Modulen des Projekts nutzbar sein, so muss dies angegeben werden durch

```
Public Type Person
    ...
```

Möchten wir uns nun eine solche Variable im Programm deklarieren, entspricht dies der üblichen Notation.

```
Dim Mitarbeiter As Person
```

Der Zugriff auf einzelne Komponenten erfolgt mit dem Selektorzeichen ".".

```
Mitarbeiter.Nachname = "Meier"
```

117

oder

Mitarbeiter.Gehalt = Mitarbeiter.Gehalt *1.05

In diesem Fall würde das Gehalt des Mitarbeiters um 5% erhöht.

**Die With-
Anweisung**

Mit der "With"-Anweisung können alle Komponenten eines Types in verkürzter Schreibweise angesprochen werden.

```
With Mitarbeiter
   .Nachname = "Meier"
   .Vorname = "Egon"
   .Gehalt = 2000
End With
```

Bei Prozeduraufrufen können je nach Bedarf einzelne Komponenten der Variablen "Mitarbeiter" übergeben werden

```
Call Erhöhung (Mitarbeiter.Gehalt)
```

oder die gesamte Record-Variable

```
Call Gehaltsprüf (Mitarbeiter)
```

In diesem Fall muss der formale Parameter ebenfalls eine Variable vom Typ "Person" sein, z. B.

```
Private Sub Gehaltsprüf (Student as Person)
```

**Problemdefinition
"Haushaltsrech-
nung"**

Häufig werden selbstdefinierte Datentypen in Verbindung mit Arrays genutzt. Möchten wir die Haushaltsrechnung von vier Familienmitgliedern am Ende des Monats erfassen, so könnte ein Array für die Erfassung der Ausgaben der Familienmitglieder genutzt werden.

Arrays vom Typ Record

Ausgabenliste:

Indexnummer	1	2	3	4
Vorname	Herbert	Ingrid	Marie	Isolde
Ausgaben	130	210	229	301

Abb. 5.5 Ein Array vom Datentyp Record

Um diese Tabelle im Rechner abzubilden, müssten wir im ersten Schritt eine **Type**-Definition vornehmen

```
Type Familienmitglied
   Vorname as String
   Ausgaben as Single
End Type
```

Das Array wird nun deklariert als

```
Dim Ausgabenliste (1 to 4) As Familienmitglied
```

Wir haben uns damit ein eindimensionales Array mit vier Fächern eingerichtet, wobei jedes Fach nochmals in zwei Komponenten unterteilt ist. In der einen Komponente wird der "Vorname" und in der anderen die "Ausgaben" erfasst.

Möchte man nun auf eine bestimmte Komponente eines bestimmten Faches zugreifen, muss sowohl das **Selektorzeichen** als auch die **Fachnummer** des Arrays angegeben werden

```
Ausgabenliste(1).Vorname = "Herbert"
```

Nun wird der Wert "Herbert" im ersten Fach und dort unter der Komponente "Vorname" gespeichert.

Übungsaufgabe Übungsaufgabe 5.4

a. Erweitern Sie die Aufgabe "Stundenlöhne" aus Übungsaufgabe 5.1a so, dass die Namen der jeweiligen Mitarbeiter mit erfasst werden.

b. Im Rahmen einer größeren, statistischen Untersuchung werden die wöchentlichen, durchschnittlichen Einschaltquoten der öffentlich rechtlichen Fernsehsender und der privaten Sender RTL und SAT1 untersucht. Am Ende jeder Woche werden die Sendernamen sowie die zugehörigen durchschnittlichen Einschaltquoten (als ganze Zahl) in den Rechner eingegeben, so dass sich mit dem zweiten Teil des Programms alle Beteiligten die Einschaltquoten einzelner Fernsehsender durch Eingabe des gewünschten Sendernamens ansehen können. Implementieren Sie das Programm.

6 Implementierung des Beispielprogramms "Haushaltsführung"

In diesem Kapitel wird die bereits eingeführte Aufgabenstellung einer "Haushaltsabrechnung" etwas erweitert. Sie dient der Zusammenfassung aller bisher gelernten Konstrukte. Daher enthält das Programm sowohl Arrays als auch Records sowie Prozeduren und Parameterübergabemechanismen.

6.1 Entwicklung des Algorithmus

Erweiterung "Haushaltsrechnung"

Im Programm "Haushaltsrechnung" werden im ersten Schritt die Ausgaben der Familienmitglieder mit den zugehörigen Vornamen eingegeben. Daraufhin kann der Benutzer als Suchkriterium den Vornamen eines Familienmitglieds eingeben. Dessen Ausgaben werden - zu Vergleichszwecken - zusammen mit demjenigen, der die höchsten Ausgaben des Monats hat, angezeigt.

Die Ermittlung desjenigen mit den höchsten Ausgaben erfolgt in einer parametrisierten Prozedur.

Zu Beginn werden die Struktogramme des Haupt- und Unterprogramms entwickelt und ausführlich erläutert.

Im zweiten Schritt wird das Programm aufgelistet. Abschließend erfolgen einige programmspezifische Hinweise.

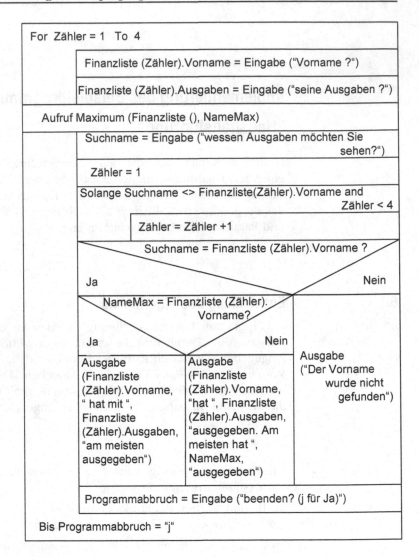

Abb. 6.1 Struktogramm "Haushaltsrechnung"

In Abb. 6.1 werden in einer Zählschleife Vorname und Ausgaben jedes Familienmitglieds eingegeben.

Daraufhin wird die Prozedur "Maximum" mit zwei Parametern aufgerufen. Der zweite Parameter ist ein Ausgabeparameter und liefert den Vornamen desjenigen, der die größten Ausgaben hat. Nach Abarbeitung des Unterprogramms und Rücksprung ins

Hauptprogramm enthält "NameMax" den entsprechenden Vornamen.

Im Unterschied zu unseren bisherigen Programmen, in denen der Benutzer nach der Nummer einer Person gefragt wurde, kann er nun wesentlich anwendungsfreundlicher den Vornamen eingeben. Er wird in der Variablen "Suchname" gespeichert.

Die folgende Schleife wird solange durchlaufen, wie der Vorname, auf den der Zähler gerade zeigt, nicht dem Suchnamen entspricht.

Damit nicht über die Array-Grenze hinaus gesucht wird, wird geprüft, ob der Zähler kleiner als vier ist. Nur dann kann der Wiederholteil durchlaufen werden, der einzig aus der Erhöhung des "Zählers" besteht. Beim Rücksprung zum Schleifenkopf wird der Vergleich mit dem Suchnamen von neuem durchgeführt. Ohne die zweite Bedingung "Zähler < 4" würde nun der Vergleich mit dem nicht existierenden fünften Fach des Arrays durchgeführt. Dies würde zum Programmfehler führen. Da beide Bedingungen zum Eintritt in die Schleife erfüllt sein müssen, werden sie mit **and** verbunden.

Nach Abarbeitung der Schleife muss geprüft werden, ob der Suchname tatsächlich gefunden wurde oder die Schleife wegen der zweiten Bedingung abgebrochen wurde. Wurde der Suchname **nicht** gefunden, da sich der Benutzer bei der Eingabe des Vornamens z. B. vertippt hat, erscheint die Meldung "Der Vorname wurde nicht gefunden".

Im ja-Teil des Struktogramms in Abb. 6.1 liegt eine geschachtelte Alternative vor, in der geprüft wird, ob derjenige, dessen Ausgaben angezeigt werden, auch gleichzeitig am meisten ausgegeben hat.

NameMax = Finanzliste(Zähler).Vorname ?

Ist der anzuzeigende Vorname gleich dem in der Prozedur "Maximum" ermittelten Vornamen, erscheint z. B. die Ausgabe

"Marie hat mit 229 € am meisten ausgegeben"

Im nein-Teil des Struktogramms wird z. B. der Text eingeblendet

"Herbert hat 130 € ausgegeben. Am meisten hat Marie

ausgegeben"

Die Ermittlung des Vornamens der Person mit den höchsten Ausgaben erfolgt in der Prozedur "Mittelwert". Die Handlungsanweisungen der Prozedur werden in einem eigenen Struktogramm dargestellt.

Struktogramm "Maximum"

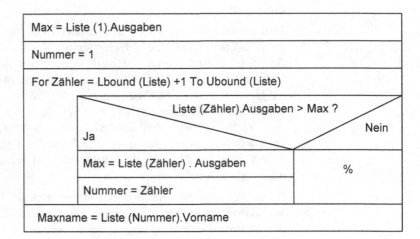

Abb. 6.2 Struktogramm des Unterprogramms "Maximum"

Im Unterprogramm "Maximum" in Abb. 6.2 wird ein Fach nach dem nächsten daraufhin untersucht, ob die Ausgaben größer sind als diejenigen des ersten Familienmitglieds, die vor der Schleife der Variablen "Max" zugewiesen wurden.

Da die Ausgaben des ersten Familienmitglieds der Liste bereits vor der Schleife bearbeitet wurden, können wir für die folgenden Vergleiche von der zweiten Fachnummer ausgehen. Daher die Formulierung im Schleifenkopf.

```
For Zähler = Lbound(Liste) + 1 to Ubound(Liste)
```

Wird eine höhere Ausgabe gefunden, so wird diese der Variablen "Max" zugewiesen. Außerdem wird der zugehörige Zähler, der auf die untersuchte Fachnummer verweist, in der Variablen "Nummer" gemerkt.

Nach Beendigung der Schleife beinhaltet die Variable "Nummer" die Fachnummer, unter der der Vorname desjenigen zu finden ist, der am meisten ausgegeben hat. Der unter dieser Nummer gespeicherte Vorname wird daher "MaxName" zugewiesen

```
Maxname = Liste(Nummer).Vorname
```

Damit ist die Abarbeitung des Unterprogramms abgeschlossen und es wird zurück zum Hauptprogramm gesprungen.

6.2   Die Implementierung des Programms

```
Option Explicit
```

Programm "Haus-haltsrechnung"

```
Type Familienmitglied
    Vorname As String
    Ausgaben As Single
End Type

Public Function Haushaltsabrechnung()

Dim Finanzliste(1 To 4) As Familienmitglied
Dim Zaehler As Integer
Dim Suchname As String
Dim Programmabbruch As String
Dim NameMax As String

For Zaehler = 1 To 4
    Finanzliste(Zaehler).Vorname =
                    InputBox("Vorname?")
    Finanzliste(Zaehler).Ausgaben = InputBox("Seine
                    Ausgaben?")
Next Zaehler

Call Maximum(Finanzliste(), NameMax)
```

```
Do
    Suchname = InputBox("Wessen Ausgaben möchten Sie
                               sehen?")
    Zaehler = 1
    While Suchname <> Finanzliste(Zaehler).Vorname
                            And Zaehler < 4
        Zaehler = Zaehler + 1
    Wend

    If Suchname = Finanzliste(Zaehler).Vorname Then
        If NameMax = Finanzliste(Zaehler).Vorname Then
            MsgBox (Finanzliste(Zaehler).Vorname & " hat
                    mit " &
                    Finanzliste(Zaehler).Ausgaben & " €
                    am meisten ausgegeben")
        Else:
            MsgBox (Finanzliste(Zaehler).Vorname & "
                    hat " &
                    Finanzliste(Zaehler).Ausgaben & " €
                    ausgegeben. Am meisten hat " &
                    NameMax & " ausgegeben")
        End If

    Else: MsgBox ("Der Vorname wurde nicht gefunden")
    End If

    Programmabbruch = InputBox("Möchten Sie das
                               Programm beenden (j für
                               ja)")
Loop Until Programmabbruch = "j"

End Function
```

Unterprogramm "Maximum"

```
Private Sub Maximum (Liste() As
        Familienmitglied, Maxname As String)

Dim Zaehler As Integer, Nummer As Integer
Dim Max As Single

Max = Liste(1).Ausgaben
Nummer = 1
```

```
For Zaehler = LBound(Liste) + 1 To UBound(Liste)

    If Liste(Zaehler).Ausgaben > Max Then
        Max = Liste(Zaehler).Ausgaben
        Nummer = Zaehler
    End If

Next Zaehler

Maxname = Liste(Nummer).Vorname

End Sub
```

Der Ablauf und die Funktionsweise des Programms wurden bereits am Struktogramm ausführlich besprochen. An dieser Stelle erfolgen lediglich einige Hinweise zur Programmierung.

Nach Abschluss der Eingabe-Schleife wird die Prozedur zur Ermittlung des Familienmitglieds mit den höchsten Ausgaben aufgerufen.

```
Call Maximum(Finanzliste(), NameMax)
```

Wir verwenden hier zwei Referenzparameter, d. h. mit ihnen werden Werte nach Abarbeitung der Prozedur zurückgeliefert. Das Array darf nur als Referenz übergeben werden und "NameMax" liefert das gewünschte Ergebnis der Prozedur, nämlich den Namen desjenigen, der am meisten ausgegeben hat. Damit die Übergabe funktioniert, müssen die Datentypen von aktuellem und formalem Parameter passen.

```
Private Sub Maximum(Liste() As
        Familienmitglied, Maxname As String)
```

Der aktuelle Parameter "Finanzliste()" wird auf den formalen Parameter mit dem Namen "Liste()" abgebildet, der ebenfalls vom Typ "Familienmitglied" ist.

Der aktuelle Parameter "NameMax" und der formale Parameter "Maxname" sind beide vom Typ "String".

In der letzten Anweisung des Unterprogramms wird der Variablen "Maxname" der Vorname desjenigen, der am meisten ausgegeben hat, zugewiesen. Im Hauptprogramm kann dieser Vorname unter dem Variablennamen des aktuellen Parameters "NameMax" verwendet werden.

Schachtelung von Kontrollstrukturen

Grundsätzlich gilt, dass die Schlüsselworte von innen nach außen interpretiert werden. D. h. das letzte If wird dem ersten Else und dem ersten End If zugeordnet. Damit ist die innere Alternative abgeschlossen. Nun wird das vorletzte If dem in der Reihenfolge zweiten Else und zweiten End If zugeordnet usw.

Entsprechendes gilt für die Schleife. Das letzte While wird dem ersten Wend zugeordnet usw.

Übungsaufgabe

Übungsaufgabe 6.1

Erstellen Sie ein Struktogramm und ein Programm zur Erfassung der Namen von Fernsehsendern und ihrer zugehörigen Einschalt-quoten am Ende eines Monats. Wählen Sie selbst die Höhe der Einschaltquoten. Daraufhin sollte der Benutzer sich die Quote eines Senders seiner Wahl anzeigen lassen können.

Zusätzlich sollte der Name des Senders mit der besten Quote inkl. Quotenhöhe angezeigt werden. Realisieren Sie diese Prüfung in einer Prozedur und geben Sie die Ergebnisse im Hauptprogramm aus.

7 Objektorientierte Programmierung

7.1 Einführung in die objektorientierte Programmierung

Programmierstile
Bisher haben wir die prozedurale Programmierung kennen gelernt. Sie zeichnet sich durch eine sequentielle Abarbeitung von Programmbefehlen aus. Daneben gibt es weitere Programmierstile, z. B. die logische, die funktionale oder die objektorientierte Programmierung. Eine Variante der objektorientierten Programmierung ist die im achten Kapitel ausführlich dargestellte ereignisorientierte Programmierung.

logische Programmierung
Die logische Programmierung stellt vorrangig Befehle zur Konstruktion von Regeln der booleschen Algebra zur Verfügung. Sie wird zumeist im Bereich der künstlichen Intelligenz, z. B. zur Implementierung von Expertensystemen eingesetzt. Typischer Vertreter ist die Sprache **Prolog**.

funktionale Programmierung
Die funktionale Programmierung wird durch die Sprache **Lisp** vertreten. Alle Sprachbefehle stellen selbst Funktionen dar. Wesentliche Konzepte sind die Rekursion (siehe Kapitel 4.7), Iteration und Aneinanderkettung als Basisfunktionen für die Konstruktion beliebiger weiterer Funktionen.

objektorientierte Programmierung
Der objektorientierte Programmierstil hat mittlerweile in nahezu allen modernen Programmiersprachen vollständig oder zumindest ansatzweise Einzug gehalten.

Ausgangspunkt objektorientierte Programmmierung
Im Rahmen der prozeduralen Programmierung haben wir im vierten Kapitel Kriterien zur Modularisierung von Programmen diskutiert. Dabei ging es vorrangig darum, Module so zu entwickeln, dass sie möglichst unabhängig voneinander sind. Wesentliche Gründe hierfür waren

- die vereinfachte Fehlersuche,
- Änderbarkeit einzelner Module sowie
- die Wiederverwendbarkeit von Modulen.

Die Zielsetzung der objektorientierten Programmierung ist es, eine Methode der Programmentwicklung zur Verfügung zu stellen, mit der diese Kriterien optimal erfüllt werden. Sie ist daher die konsequente Weiterentwicklung der modularen Programmierung.

Eine weitere wichtige Zielsetzung ist die Erleichterung der Programmierung, indem der Programmentwickler eine **einheitliche** Methode für alle Phasen der Entwicklung (siehe Kapitel eins)

- Problemanalyse,

- Entwurf (Entwicklung des Algorithmus) und

- Implementierung

zur Verfügung bekommt. In der objektorientierten Sichtweise wird von realen Objekten ausgegangen, die miteinander kommunizieren. Diese sind wiederum der Ausgangspunkt für den Entwurf und die Implementierung eines Programms.

Entsprechend spricht man auch von

- der objektorientierten Analyse (OOA),

- dem objektorientierten Entwurf (OOE) und

- der objektorientierten Programmierung (OOP).

Der Entwickler muss sich nun nicht mehr in jeder dieser Phasen mit neuen Werkzeugen (Hilfsmitteln) auseinandersetzen, sondern er arbeitet mit einer einheitlichen, der objektorientierten Methode.

Sie beruht auf den fünf grundlegenden Konzepten

- Objekte

- Klassen

- Vererbung

- Dynamisches Binden

- Polymorphismus.

Typische Vertreter dieses Programmierstils sind z. B. Smalltalk, als eine der ersten rein objektorientierten Sprachen, Eiffe und C++. Auch JAVA unterstützt den objektorientierten Ansatz. In Visual Basic ist das Klassenkonzept bereits in allen Versionen verfügbar. Mit Visual Basic.Net wurde erstmals eine vollständig objektorientierte Visual Basic-Version zur Verfügung gestellt.

Im Folgenden werden die Konzepte dieses Programmierstils vorgestellt und zur Verdeutlichung in Visual Basic umgesetzt, soweit dies in allen Versionen möglich ist.

7.2   Konzepte der objektorienterten Programmierung

7.2.1   Objekte, Klassen, Eigenschaften und Methoden

Objekte

Objekte sind Abbildungen von Objekten der realen Welt, die sich durch bestimmte Merkmale auszeichnen. Das Objekt Mitarbeiter hat z. B. die Merkmale Vorname, Nachname und eine von der Firma gewährte Provision.

Eigenschaften

Die Merkmale eines Objekts werden als **Eigenschaften** bezeichnet. Die konkreten Eigenschaften eines Objekts kennzeichnen seinen **Zustand**.

Methoden

Eigenschaften können durch Handlungsanweisungen (Operationen) ermittelt oder geändert werden. Diese Handlungsanweisungen heißen in der OOP **Methoden.**

Klassen

Die Eigenschaften und Methoden von Objekten werden in **Klassen** zusammengefasst. Klassen stellen einen Objekt**typ** dar, der sich von anderen Objekttypen durch die Menge und Art seiner Eigenschaften und Methoden unterscheidet.

Instanzen

Möchte man nun ein konkretes Objekt mit konkreten Eigenschaften erzeugen, so wird es aus einer Klasse abgeleitet. Es besitzt dann alle Eigenschaften und Methoden dieser Klasse. Objekte stellen eine konkrete Ausprägung dieser Klasse dar. Objekte einer Klasse werden häufig auch als **Instanzen** dieser Klasse bezeichnet.

Das Beispiel "Mitarbeiter"

Nehmen wir das Beispiel "Mitarbeiter". Es wird eine **Klasse** "Mitarbeiter" geschaffen mit den oben genannten Eigenschaften Vorname, Nachname und Provision. Ein **Objekt** ist zum Beispiel der Mitarbeiter **Thomas Müller** mit der Provision **8** (verkürzte Darstellung von 8%). Methode dieses Objekts könnte z. B. die Überprüfung der Höhe seiner Provision sein. Die aktuelle Wertebelegung der Eigenschaften eines Objekts kennzeichnen seinen **Zustand.**

Im Unterschied zur modularen Programmierung stellen Objekte damit eine Einheit von Daten **und** den Operationen auf diesen Daten dar.

Eigenschaften eines Objekts werden durch Variablen dargestellt. Methoden stellen programmtechnisch parametrisierbare Prozeduren dar.

Die nach außen unsichtbaren, **privaten** Eigenschaften eines Objekts können von Programmen, die diese Klasse nutzen, nur über öffentliche Methoden, d. h. Prozeduren, die außerhalb der Klasse sichtbar sind, geändert werden.

Allerdings gibt es auch die Möglichkeit, Eigenschaften eines Objekts als **öffentlich** zu deklarieren. In diesem Fall kann aus einem Programm heraus direkt auf die Eigenschaft dieser Klasse zugegriffen werden.

Zielsetzung von Klassen

Das Ziel der objektorientierten Programmierung ist es, möglichst viele Eigenschaften nach aussen unsichtbar zu implementieren, so dass eine Änderung dieser Variablen außerhalb der Klasse nur über öffentliche Methoden möglich ist. Damit wird eine größtmögliche Unabhängigkeit und damit Wiederverwendbarkeit der Klasse erzielt. Änderungen der Klassenimplementierung können so ohne notwendige Änderungen außerhalb der Objektklasse durchgeführt werden. Eine Ausnahme stellt natürlich die Änderung aller öffentlichen Methoden**namen** dar. Ein Programmierer, der die Klasse nutzt, muss nicht mehr wissen, wie die Daten bzw. die Datenstruktur innerhalb der Klasse aufgebaut ist. Auch die Algorithmen, die zur Änderung des Objektzustands führen, muss er nicht kennen. Mit den Methodennamen weiß er, **welche Änderungen** an den Eigenschaften vorgenommen werden können, aber nicht **wie** dies geschieht.

Nachrichten   In klassischen objektorientierten Sprachen besteht ein Programm aus einer Ansammlung von Objekten, die miteinander kommunizieren. Die Kommunikation findet über den Austausch von **Nachrichten** statt, d. h. die Objekte rufen wechselseitig öffentliche Methoden anderer Objekte auf. Der Datenaustausch findet durch die Parameterübergabe statt.

Umsetzung in VB   Zur Verdeutlichung des Klassen- und Objektkonzepts wird nun die Implementierung einer Klasse sowie darauf folgend die Nutzung dieser Klasse aus einem Programmmodul heraus vorgestellt.

Programm- und Klassenmodule   Wir arbeiten im folgenden Beispiel mit zwei Arten von Programmtexten, dem **Klassenmodul** und dem **Programmmodul**, welches das Klassenmodul nutzt.

Problemdefinition Provisionsanpassung   Der Durchschnittswert der Provisionen zweier Mitarbeiter soll berechnet und ausgegeben werden. Für jeden Mitarbeiter erfolgt eine Prüfung, ob seine Provision unter dem Durchschnitt liegt. Ist dies der Fall, findet eine Erhöhung der Provision auf den Durchschnittswert statt.

Der Mitarbeiter wird als Klasse implementiert. Die Prüfung und die Erhöhung der Provision wird als Methode der Klasse zur Verfügung gestellt. In der Firma gibt es unterschiedliche Provisionsgruppen. Eine Provision > 10% wird der Gruppe A, alle anderen der Gruppe B zugeordnet. Die Zuordnung zur Provisionsgruppe erfolgt in der Klasse.

Klassen in VB   In Visual Basic wird jede selbst definierte Klasse in einem eigenen **Klassenmodul** untergebracht, welches zu einem entsprechenden Projekt gehört. Mit dem Befehl

   Einfügen - Klassenmodul

kann eine neue, selbst definierte Klasse hinzugefügt werden. Im Projekt-Explorer erscheint neben den bekannten Ordnern für die Programm- und Formularmodule ein weiterer, in dem die Klassenmodule des Projekts zusammengefasst werden.

Die Implementierung der Klasse erfolgt im Editor. Im Unterschied zu dem uns bekannten Programmmodul gibt es in der Klasse keinen Kopf des Programmcodes. Im Eigenschaftenfenster sollte der Name der neu zu definierenden Klasse, in diesem Fall "Mitarbeiter", eingegeben werden, da ansonsten, wie bei der Modulerstellung, die Standardnamen, wie class1 usw., vergeben werden.

Die Klasse "Mitarbeiter"

```
Option Explicit

Public Nachname As String
Private Prozente As Integer
Private Prozentgruppe As String
```

Zugriffsfunktionen

```
Property Let Provision(X As Integer)
    Prozente = X
    If Prozente > 10 Then
            Prozentgruppe = "A"
    Else: Prozentgruppe = "B"
    End If
End Property


Property Get Provision() As Integer
    Provision = Prozente
End Property


Property Get Provisionsgruppe() As String
    Provisionsgruppe = Prozentgruppe
End Property
```

Methode "Provisionsprüfung"

```
Public Sub Provisionsprüfung(Wert As Integer)
    If Wert > Prozente Then
        Prozente = Wert
        If Prozente > 10 Then
            Prozentgruppe = "A"
        Else: Prozentgruppe = "B"
        End If
        MsgBox ("Die Erhöhung ist erfolgt")
    Else: MsgBox ("Keine Erhöhung")
    End If
End Sub
```

Aufbau der Klasse Die Klasse "Mitarbeiter" hat eine öffentliche Eigenschaft "Nachname" und zwei private Variable "Prozente" und "Prozentgruppe". Zur Kennzeichnung dieses Sachverhalts werden die aus Kapitel vier bekannten Schlüsselworte **Public** und **Private** verwandt[9].

Im strengen Sinne der OOP müssten nun alle Eigenschaften als private Variablen deklariert werden, die über öffentliche Methoden ansprechbar sind. Nur so wird die vollständige Kapselung der Daten eines Objekts realisiert. Mit der Eigenschaft "Nachname" werden in unserer Klasse keine Berechnungen, die zu Programmfehlern führen könnten, durchgeführt. Daher wird diese Eigenschaft als öffentliche deklariert. Auf diese Weise kann im Programmmodul direkt auf die Eigenschaft, ohne Nutzung von Methoden, zugegriffen werden. Aus pragmatischen Gründen, d. h. zur Vermeidung einer starken Aufblähung des Programmtextes wird diese Vorgehensweise häufig gewählt. Alle Standardobjekte in VB stellen dem Programmierer öffentliche Eigenschaften zur Verfügung, z. B. zur Festlegung der Hintergrundfarbe oder des Namens eines Formulars (siehe Kapitel acht).

Die in der Klasse aufgeführten Funktionen und Prozeduren stellen die Methoden dieser Klasse dar.

Property Get "Property Get" (Lese-Zugriff) und "Property Let" (Schreib-Zugriff) sind von Visual Basic vorgegebene Funktionen zum Zugriff auf private Eigenschaften.

Mit der Funktion

```
Property Get Funktionsname() As Single
    Funktionsname = PrivateVariable
End Property
```

wird der Inhalt der privaten Eigenschaft "PrivateVariable" dem Funktionsnamen zugewiesen und ans aufrufende Programm geliefert.

---

[9] In der Klassenprogrammierung steht ein weiteres Gültigkeitsargument zur Verfügung, **Friend**. Hiermit wird die projektweite Gültigkeit definiert.

In unserem Beispiel der Klasse "Mitarbeiter" wird der Inhalt der Variablen "Prozente" dem Funktionsnamen "Provision" zugewiesen.

```
Property Get Provision() As Integer
    Provision = Prozente
End Property
```

Property Let

Mit

```
Property Let Funktionsname (formaler Parameter)
    PrivateVariable = Parameter
End Property
```

wird der Inhalt des formalen Parameters, mit dem die Funktion aufgerufen wurde, der als **Private** deklarierten Eigenschaft "PrivateVariable" zugewiesen.

Im Beispiel der Klasse "Mitarbeiter" wird mit

```
Property Let Provision(X As Integer)
    Prozente = X
```

der Variablen "Prozente" der Wert des formalen Parameters "X" zugewiesen. Zusätzlich bekommt die private Eigenschaft "Prozentgruppe" in dieser Funktion einen Wert.

```
If Prozente > 10 Then
        Prozentgruppe = "A"
Else: Prozentgruppe = "B"
End If
```

Über die Zugriffsfunktionen haben wir die Möglichkeit, nicht nur der angesprochenen Eigenschaft einen Wert zuzuweisen, sondern zugleich weitere in Abhängigkeit stehende Eigenschaftswerte zu berechnen. In unserem Fall wird die Eigenschaft "Prozentgruppe" in Abhängigkeit von den "Prozenten" festgelegt.

"Property Let" und "Property Get" sind Eigenschaftsfunktionen, die - auf eine Eigenschaft bezogen - den selben Funktionsnamen tragen.

Wird für eine Eigenschaft nur die Funktion "Property Get" definiert, so ist der Schreibzugriff von außen untersagt. Auf die private Variable "Prozentgruppe" kann z. B. nur lesend zugegriffen werden, da nur "Property Get" für sie definiert wurde. Ihre Wertbelegung ist abhängig von der Variablen "Prozente" und kann auch nur in Verbindung mit ihr geändert werden, da es ansonsten zu Widersprüchlichkeiten kommen kann. Wie diese Variable ihre Werte bzw. Wertänderung erfährt, ist für den Programmierer, der diese Klasse nutzt, uninteressant. Ihm reicht die Möglichkeit, mit der Lese-Funktion "Property Get Provisionsgruppe" den Wert der Eigenschaft zu erfahren.

Die Anwendung dieser Funktionen aus dem Programmmodul folgt im nächsten Abschnitt.

Mit der öffentlichen Prozedur "Provisionsprüfung" ist eine von außerhalb aufgerufene Prüfung und möglicherweise stattfindende Änderung der Eigenschaft "Prozente" vorgegeben. In der Prozedur wird geprüft, ob die Prozente unterhalb des formalen Parameters "Neuwert" liegen. Ist das der Fall, wird die Variable "Prozente" auf diesen Wert gesetzt und gegebenenfalls die abhängige Variable "Prozentgruppe" geändert. Liegt der Wert der Variablen "Prozente" nicht unter dem übergebenen "Neuwert", erfolgt keine Änderung der Eigenschaft. In beiden Fällen erscheint eine entsprechende Nachricht im Ausgabefenster.

Objekte im Programmmodul

Im nächsten Schritt sehen wir uns an, wie diese Klasse aus einem Programmmodul heraus genutzt werden kann.

Programm "Provisionsanpassung"

```
Public Function Provisionsanpassung()

    Dim Durchschnitt As Single
    Dim MitarbeiterA As New Mitarbeiter
    Dim MitarbeiterB As New Mitarbeiter

    MitarbeiterA.Nachname = "Meier"
    MitarbeiterA.Provision = 8
```

```
MsgBox (MitarbeiterA.Nachname & " ist in Gruppe " &
            MitarbeiterA.Provisionsgruppe)
MitarbeiterB.Nachname = "Schumann"
MitarbeiterB.Provision = 14
MsgBox (MitarbeiterB.Nachname & " ist in Gruppe " &
            MitarbeiterB.Provisionsgruppe)


Durchschnitt = (MitarbeiterA.Provision +
                MitarbeiterB.Provision) / 2
MsgBox ("Im Schnitt wird eine Provision von " &
                Durchschnitt & "% gezahlt")


If MitarbeiterA.Provision < Durchschnitt Then
  MitarbeiterA.ProvisionsPrüfung(Durchschnitt)

Else
  MitarbeiterB.ProvisionsPrüfung(Durchschnitt)
End If

End Function
```

Mit dem Befehl

```
Dim Objektname as New Klassenname
```

wird ein neues Objekt der angegebenen Klasse, eine Instanz der Klasse geschaffen. Da wir von zwei Mitarbeitern ausgehen, wurde ein zweites Objekt derselben Klasse eingerichtet. Häufig werden Objekte bei ihrer Instanziierung mit festen Anfangs-, d. h. mit **Standardwerten**, versehen. In unserem Beispiel werden die Objektwerte aus Übersichtsgründen direkt im Programm zugewiesen. Mit einer InputBox könnten sie wesentlich flexibler vom Anwender vergeben werden.

Über die Bezeichnung

```
Objektname.Eigenschaft(oder Methodenname)
```

kann der Zustand eines Objekts abgefragt oder geändert werden.

Objekte und Records

Betrachtet man diese Notation, so fällt die Ähnlichkeit zur Verwendung des Records auf (siehe Kapitel 5.2). Die Klassendefinition entspricht der Type-Definition und die Deklaration von Objekten sowie der Zugriff auf einzelne Komponenten, die in der OOP als Eigenschaften oder Methoden bezeichnet werden, ist nahezu identisch. In beiden Fällen wird als Selektorzeichen der Punkt verwandt. Eine Objektklasse wird daher auch oft als Datentyp bezeichnet.

Der wichtige Unterschied ist allerdings, dass mit einem Objekt nicht nur die Datenstruktur zur Verfügung gestellt wird. Auch die auf ihnen arbeitenden Operationen, die Methoden sind im Objekt enthalten, so dass der Aufbau des Objekts nach außen verborgen bleiben kann.

Auf die in der Klasse als **Public** deklarierte Eigenschaft "Nachname" kann durch Voranstellen des Objektnamens direkt ein Schreib- oder Lesezugriff erfolgen:

```
MitarbeiterA.Nachname = "Meier"
```

Anders bei den Prozenten. Da dies eine private Eigenschaft der Klasse "Mitarbeiter" ist, kann auf diese Variable außerhalb des Klassenmoduls nicht zugegriffen werden. Aus dem Programmmodul heraus wird über die Eigenschaftsfunktionen "Property Let" und "Property Get" sowie die Prozedur "Provisionsprüfung" die Arbeit mit dieser Eigenschaft ermöglicht. Der Entwickler des Programmmoduls "Provisionsanpassung" muss die Deklaration der Variablen und den Inhalt der Prozeduren der Klasse nicht kennen. Für ihn reicht es zu wissen, welche Eigenschaften und Methoden zur Manipulation dieser Eigenschaften zur Verfügung stehen.

Ob im Programmmodul die Funktion "Property Get Provision" oder "Property Let Provision" aufgerufen wird, muss der Programmierer dieses Moduls ebenfalls nicht wissen. Wird in einer Anweisung der Lesezugriff erfordert, wird "Property Get" aktiviert, beim Schreibzugriff "Property Let". Auf die Anweisung

```
MitarbeiterA.Provisionsgruppe = "A"
```

folgt eine Fehlermeldung, da der Schreibzugriff auf diese Eigenschaft nicht implementiert wurde.

Nachdem im Programm die Nachnamen und Provisionen zugewiesen und die Provisionsgruppen ausgegeben wurden, wird der Mittelwert beider Provisionen berechnet.

In der folgenden Alternative wird für den Mitarbeiter, der unter dem Durchschnittswert liegt, die Methode "ProvisionsPrüfung" aufgerufen. Der Mitarbeiter bekommt in der Klasse eine Erhöhung der "Prozente", und ihm wird eventuell eine andere Prozentgruppe zugewiesen.

Das Programm "Provisionsanpassung" lässt sich für mehrere Mitarbeiter hervorragend mit Hilfe eines Arrays umsetzen. Aus Übersichtsgründen haben wir hier davon Abstand genommen. Mit der Deklaration

```
Dim Mitarbeiterliste(1 To 2) As New Mitarbeiter
```

wird ein Array mit zwei Fächern eingerichtet, dessen Fachinhalte Objekte inklusive ihrer Eigenschaften und Methoden sind.

Objekte im Editor Bei der Arbeit mit Objekten werden in Visual Basic nach Eintippen des Objektnamens und des Selektorzeichens "." alle öffentlichen Eigenschaften und Methoden in einem Fenster angezeigt, so dass der Programmierer einen Überblick über die Nutzungsmöglichkeiten des Objekts bekommt, ohne sich die Klasse selbst ansehen zu müssen. Diese Möglichkeit liegt auch bei der Verwendung von Records oder der Deklaration von Variablen vor. Da es jedoch im Sinne des objektorientierten Konzepts liegt, den Aufbau der Klassen nicht explizit kennen zu müssen, um mit ihnen aus Programmmodulen heraus zu arbeiten, wird die Nutzung der Objekteigenschaften in Abb. 7.1 aufgezeigt.

Anwendung von Objekten und Methoden

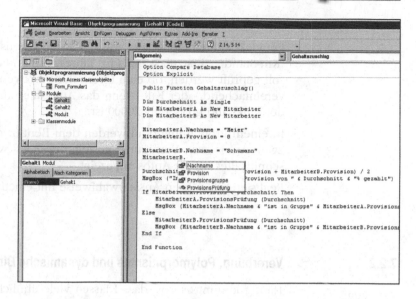

Abb. 7.1 Anwendung von Objekten und Methoden

Wie in Abb. 7.1 dargestellt, werden die Eigenschaften und Methoden in alphabetischer Reihenfolge aufgelistet, so dass der Programmierer zwischen ihnen wählen kann.

Objektbibliotheken In Visual Basic gibt es eine Reihe vorgefertigter Objekte. Die Nutzung ihrer Methoden und Eigenschaften erleichtert dem Programmierer an vielen Stellen, besonders bei der Implementierung grafischer Schnittstellen, die Arbeit.

Um sich einen Überblick über die vorhandenen Objektklassen zu verschaffen, können mit der Menüoption

```
Ansicht - Objektkatalog
```

alle Klassenbibliotheken angesehen werden. Sie sind hierarchisch angeordnet und in verschiedene Anwendungsbereiche unterteilt. Selbstdefinierte Klassen eines **Projekts** stellen eine eigene Objektbibliothek dar. Typische Objekte in Visual Basic im Rahmen der Programmierung von Formularen werden in Kapitel acht vorgestellt.

Übungsaufgabe Übungsaufgabe 7.1

Entwickeln Sie eine Klasse "Auto" mit den Eigenschaften "Marke", "Km-Stand", "Erstzulassung (als Jahreszahl)". Mit einer Methode soll geprüft werden, ob eine Überholung notwendig ist. Dies ist - vereinfachend - der Fall, wenn das Auto älter als drei Jahre oder der km-Stand größer als 20000 ist.

In einem Programmmodul werden dem Benutzer diese Daten für zwei Autos zur Verfügung gestellt, und es wird das Durchschnittsalter beider Autos angezeigt.

Realisieren Sie Ihren Ansatz wahlweise mit einem Array.

7.2.2   Vererbung, Polymorphismus und dynamische Bindung

Vererbung

Häufig kommt es vor, dass Klassen viele ähnliche Eigenschaften besitzen und sich nur in einigen unterscheiden. In unserem Beispiel der Klasse "Mitarbeiter" kann es sein, dass wir die Unterscheidung in freie Mitarbeiter und fest angestellte Mitarbeiter brauchen, da die freien Mitarbeiter z. B. zusätzlich einen Stundenlohn und ein Maximalvolumen an zu erbringenden Stunden haben. Die fest angestellten Mitarbeiter haben im Unterschied dazu ein Gehalt.

In diesem Fall gibt es in objektorientierten Sprachen die Möglichkeit, Unterklassen einer bereits existierenden Klasse zu bilden. Die gemeinsame **Oberklasse,** in unserem Fall die Klasse "Mitarbeiter", **vererbt** dabei alle Eigenschaften und Methoden an die **Unterklasse** "freie Mitarbeiter" und "feste Mitarbeiter". Diese können zusätzlich um neue Eigenschaften und Methoden ergänzt werden oder vererbte Methoden ändern.

Die Klasse "feste Mitarbeiter" könnte wiederum Oberklasse einer Unterklasse "Teilzeit Mitarbeiter" sein. Die zusätzlichen Merkmale wären "Stundenzahl" und z. B. "befristet_bis", da die Arbeitszeitverkürzungen für einen befristeten Zeitraum gewährt werden.

Diese Klassen erben die Methoden und Eigenschaften aller übergeordneten Klassen bis hin zur Wurzelklasse, d. h. der obersten Klasse in der Hierarchie der vorliegenden Klassenbibliothek.

Vererbungsstruktur "Mitarbeiter"

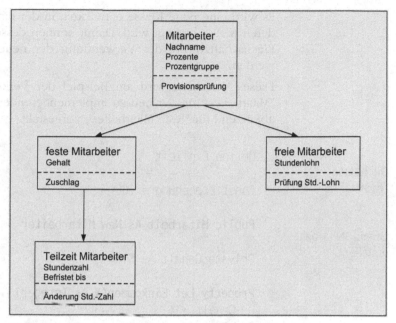

Abb. 7.2 Vererbung am Beispiel "Mitarbeiter"

Die Klasse "Teilzeit Mitarbeiter" in der Abb. 7.2 beinhaltet nun alle Eigenschaften und Methoden von "Mitarbeiter" und "feste Mitarbeiter" sowie seine eigenen Eigenschaften und dazugehörigen Methoden.

Umsetzungsvarianten in VB

Lediglich in Visual Basic.Net gibt es die Möglichkeit, diesen Mechanismus so anzuwenden, wie er hier erläutert wurde und wie es in klassischen objektorientierten Sprachen, beispielsweise Smalltalk, üblich ist.

In Visual Basic 6.0 und VBA gibt es eine Möglichkeit, mit Hilfe der **Implements**-Anweisung die Vererbung umzusetzen. Das Konzept beruht auf der Idee **abstrakter Klassen**, die lediglich die Methodenrahmen ohne konkrete Inhalte vorgeben. Diese werden dann in die erbende Klasse mit dem Befehl **Implements** integriert. Innerhalb der erbenden Klasse findet dann die vollständige Neu-Implemenierung der Oberklasse statt.

Auf die Darstellung dieses Verfahrens, das zu Redundanzen im Programmcode führt, wird an dieser Stelle verzichtet.

Verkettung von Objekten

Eine Abwandlung des Vererbungsprinzips ist die **Verkettung von Objekten**.

143

Es wird eine neue Klasse entwickelt, in der ein Objekt einer anderen Klasse erzeugt wird. Damit können dessen Methoden und Eigenschaften bei der Verwendung der neuen Klasse genutzt werden.

Dieses Verfahren wird am Beispiel der Verkettung der Klasse "Mitarbeiter" mit der neu zu implementierenden Klasse "FestMit", abkürzend für "feste Mitarbeiter", vorgestellt.

Die Klasse "FestMit"

Objekt "Mitarbeit" erstellen

```
Option Explicit

Const Erhoehung = 100

Public Mitarbeit As New Mitarbeiter

Private Gehalt As Single

Property Let Einkommen(X As Integer)
    Gehalt = X
End Property

Property Get Einkommen() As Integer
    Einkommen = Gehalt
End Property

Public Sub Zuschlag()
    Gehalt = Gehalt + Erhoehung
End Sub
```

In der Klasse "FestMit" wird zu Beginn ein öffentliches Objekt der Oberklasse definiert.

```
Public Mitarbeit As New Mitarbeiter
```

Hiermit wird ein Objekt mit dem Namen "Mitarbeit" der Klasse "Mitarbeiter" erzeugt. Darüber sind alle Methoden und Eigenschaften der Klasse "Mitarbeiter" verfügbar. Wie aus dem Programmmodul auf die Eigenschaften von Mitarbeiter zugegriffen werden kann, wird im nächsten Abschnitt beschrieben.

In der neuen Klasse wird zusätzlich die private Variable "Gehalt" inklusive der zugehörigen Funktionen "Property Let Einkommen" und "Property Get Einkommen" implementiert.

Mit der öffentlichen Methode "Zuschlag" wird die private Eigenschaft "Gehalt" um 100 erhöht.

Problemdefinition Gehaltserhöhung

Im Programmmodul wird das Einkommen zweier Mitarbeiter verglichen. Der geringer verdienende bekommt einen Einkommenszuschlag. Das neue Einkommen wird daraufhin ausgegeben.

Programm "Gehalt"

```
Option Explicit

Public Function Gehalt()
```

Objekte "FestMit" erzeugen

```
Dim Durchschnitt As Single
Dim MitarbeiterA As New FestMit
Dim MitarbeiterB As New FestMit

MitarbeiterA.Mitarbeit.Nachname = "Meier"
MitarbeiterA.Einkommen = 1500

MitarbeiterB.Mitarbeit.Nachname = "Schumann"
MitarbeiterB.Einkommen = 2000

If MitarbeiterA.Einkommen < MitarbeiterB.Einkommen
               Then
     MitarbeiterA.Zuschlag
     MsgBox (MitarbeiterA.Mitarbeit.Nachname & "
                  verdient " &
                  MitarbeiterA.Einkommen)
```

Methode von "FestMit" nutzen

```
ElseIf MitarbeiterB.Einkommen <
               MitarbeiterA.Einkommen Then
     MitarbeiterB.Zuschlag
     MsgBox (MitarbeiterB.Mitarbeit.Nachname & "
                  verdient " &
                  MitarbeiterB.Einkommen)
Else: MsgBox ("Kein Zuschlag gewährt")
End If

End Function
```

Es werden zwei Objekte instanziiert. "MitarbeiterA" und "MitarbeiterB" sind nun Objekt der neuen Klasse "FestMit". Wird auf eine Eigenschaft oder Methode von z. B. "MitarbeiterA" zugegriffen, so erscheint nach dem Selektorzeichen "." im Fenster zusätzlich zu den Methoden "Einkommen" und "Zuschlag" auch das öffentliche Objekt "Mitarbeit" der Klasse "Mitarbeiter".

Wählen wir dieses aus, so können wir nach dem darauf folgenden Selektor "." auf alle öffentlichen Eigenschaften und Methoden der Klasse "Mitarbeiter" zugreifen.

```
MitarbeiterA.Mitarbeit.Nachname = "Meier"
```

Differenz zur Vererbung

Auf diese Weise können zahlreiche Objekte quasi miteinander "verschachtelt" werden. Dies ist allerdings eine deutliche Abweichung vom Konzept der Vererbung, in der davon ausgegangen wird, dass die vererbte Methode eine der Unterklasse ist und vom Programmierer nicht die Hierarchie der verschachtelten Objektklassen durchlaufen werden muss, bis eine bestimmte Eigenschaft oder Methode gefunden wird. Die Verkettung von Objekten wird in VB bei der Nutzung von Standardobjekten sehr häufig angewendet. Objekte wie z. B. Formulare können wiederum Unterformulare enthalten, deren Eigenschaften über den hier dargestellten Verkettungsmechanismus genutzt werden.

Polymorphismus

Durch die eindeutige Namensvergabe sind die Methoden einer Klasse nicht nur eindeutig dem jeweiligen Objekt zuzuordnen, sondern es können auch verschiedene Klassen gleichnamige Methoden zur Verfügung stellen. Die unterschiedlichen Klassen werden von Visual Basic am Typ des jeweils verwendeten Objekts erkannt. Diese Eigenschaft wird als **Polymorphismus** bezeichnet.

dynamisches Binden

Beim **dynamischen Binden** wird erst zur Laufzeit des Programms in Abhängigkeit vom Typ des Objekts entschieden, welche Implementierung der Methode aufgerufen wird. Bisher haben wir z. B. mit der Deklaration

```
Dim MitarbeiterA as Mitarbeiter
```

frühe Bindung   eine **frühe Bindung** umgesetzt, da bereits zur Deklaration der Typ des Objekts, d. h. seine Klasse, feststeht.

späte Bindung   Es gibt auch die Möglichkeit der dynamischen oder auch **späten Bindung**. In diesem Fall wird dem Objekt erst während der Programmausführung ein Objekttyp zugewiesen. Erst dann ist klar, die Methode welcher Klasse im folgenden angesprochen wird. In Visual Basic lässt sich die späte Bindung durch die Deklaration

```
Dim MitarbeiterA as Object
```

umsetzen. Damit wird zu Beginn des Programms in der Deklaration gesagt, dass es sich um eine **Objektvariable** handelt. Hierfür wird der Datentyp **Object** in Visual Basic zur Verfügung gestellt (siehe Abschnitt 2.1.1). Erst zu einem späteren Programmzeitpunkt kann dann die konkrete Objektklasse zugewiesen werden.

```
Set MitarbeiterA as Mitarbeiter
```

Eine frühe Bindung hat den Vorteil der schnelleren Programmabarbeitung, da ein effizienter Objektcode erzeugt wird. Dafür hat die späte oder dynamische Bindung den Vorteil, wesentlich flexiblerer Programmieroptionen, da zu Beginn nicht entschieden werden muss, welcher Klasse das Objekt zugehörig ist.

Soll ein Objekt während der Programmausführung wieder gelöscht werden, erfolgt dies mit dem Befehl

```
Set Objektname = Nothing
```

In unserem Beispiel hieße das

```
Set MitarbeiterA = Nothing
```

Übungsaufgabe   Übungsaufgabe 7.2

Erstellen Sie die Klasse "freie Mitarbeiter" auf Basis der Klasse "Mitarbeiter" mit der zusätzlichen privaten Eigenschaft "Stundenlohn". Eine öffentliche Methode zur Überprüfung des Stundenlohns, um wie viel er einen als Parameter einzugebenden Standardlohn überschreitet, sollte ebenfalls vorgesehen werden. Implementieren Sie im zugehörigen Programmmodul die Prüfung, ob einer von zwei Objekten des Typs "freie Mitarbeiter" über dem vom Benutzer einzugebenden Standardstundenlohn liegt.

8 Ereignisorientierte Programmierung

In diesem Kapitel wird der für Visual Basic typische Ansatz der ereignisorientierten Programmierung eingeführt. Zu Beginn werden einige grundlegende Begriffe in diesem Zusammenhang erklärt und daraufhin Formulare mit Steuerelementen und Ereignisprozeduren entwickelt.

8.1 Grundlagen der ereignisorientierten Programmierung

In diesem Ansatz werden Handlungsanweisungen aufgrund von Benutzeraktionen (Ereignisse) über Formulare ausgelöst. In Abb. 8.1 ist ein Formular abgebildet, mit dem das Programm "Rechner" aus Kapitel drei ereignisorientiert implementiert wurde. Bevor wir uns im folgenden Abschnitt 8.2 mit der Erstellung eines solchen Formulars befassen, werden zu Beginn einige grundlegende Begriffe an dem in Abb. 8.1 aufgeführten Formular erläutert.

Funktionsweise

Der Benutzer bekommt ein Formular präsentiert, in dem zwei Eingabefelder vorgesehen sind. In diese kann er die beiden zu berechnenden Zahlen, Zahl1 und Zahl2, eingeben. Klickt er auf eine der angebotenen Rechenoperationen, wird ein **Ereignis** ausgelöst. Intern wird beim Anklicken einer der Rechenoperationen eine Prozedur aufgerufen, die die mit diesem Klick verbundenen Handlungsanweisungen enthält. Drückt der Benutzer wie in Abb. 8.1 die Schaltfläche "Addition", werden in der Prozedur die Werte der Textfelder "Zahl1" und "Zahl2" addiert und das Ergebnis im Textfeld "Ergebnis" angezeigt.

**Das Formular
"Rechner"**

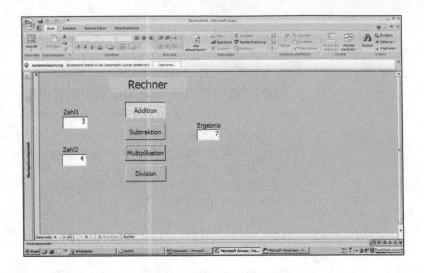

Abb. 8.1 Das Formular "Rechner"

Auf diese Weise wird dem Anwender eine komfortable und übersichtliche Benutzerschnittstelle zur Verfügung gestellt.

ereignis- und objektorientierte Programmierung

Dieser Programmierstil basiert auf der objektorientierten Programmierung. Das Formular selbst ist ein Standardobjekt in Visual Basic. Die Felder und Buttons innerhalb des Formulars werden allgemein als **Steuerelemente** bezeichnet. Auch sie sind Objekte. Sie besitzen Eigenschaften und Methoden, die Nachrichten empfangen und versenden können. Nehmen wir in unserem Beispiel in Abb. 8.1 das Steuerelement "Addition". Dieses Objekt erhält eine Nachricht vom Anwender dadurch, dass es angeklickt wird. Die Methode, die damit angesprochen wird, ist die daraufhin ausgeführte Ereignisprozedur.

Im Sinne der objektorientierten Programmierung stellen Ereignisse Nachrichten dar, auf Grund derer Ereignisprozeduren, d. h. Methoden ausgeführt werden.

Sehen wir uns die beiden wesentlichen Standardobjekte, mit denen in Visual Basic ereignisorientiert programmiert wird, die Formulare und die Steuerelemente, noch einmal an.

Formulare

Formulare können wiederum Unterformulare enthalten, die ein eigenes Objekt darstellen. Inhalt von Formularen können neben den Steuerelementen auch Objekte wie Grafiken oder Texte sein.

Steuerelemente

Über **Steuerelemente** findet die Kommunikation der Anwender mit dem Programm statt. Sie sind Bestandteile von Formularen und dienen der Benutzereingabe bzw. der Ausgabe von Daten. Auch Aktionen können durch Betätigung, wie Anklicken von Steuerelementen veranlasst werden. Einige der am häufigsten verwandten Steuerelemente werden in den folgenden Abschnitten vorgestellt.

8.2   Formulare mit Ereignisprozeduren erstellen

VB-Versionen

Wir möchten nun das Formular "Rechner" erstellen. In diesem Kapitel gibt es Unterschiede zwischen den verschiedenen Basic-Versionen. Am komfortabelsten sind die Formularerstellungen und -bearbeitungen in Visual Basic.Net und Visual Basic. Da wir die Programmierbefehle für alle Versionen gemeinsam nutzen, wird die Entwicklungsumgebung von VBA zum Ausgangspunkt der folgenden Ausführungen gewählt. Die in der Regel einfacheren Verfahren zur Formularbearbeitung der übrigen Versionen werden zusätzlich erwähnt.

Formular
erzeugen

Der erste Schritt ist die Erstellung eines leeren Formulars. In VBA über Access geht dies über die Menüoption "Erstellen". In der daraufhin erscheinenden Symbolleiste wird das Icon "Formularentwurf" angeklickt. Nun wird ein Formular in der "Entwurfsansicht" (siehe Abb. 8.2) angezeigt.

Hinweis VB und
VB.Net

Über Visual Basic und .Net wird im Editor über "Neu" ein "neues Formular" gewählt.

Im Formular wird zwischen der Entwurfs- und Formularansicht unterschieden. In der **Entwurfsansicht** kann das Formular vom Programmierer erstellt und geändert werden. Die **Formularansicht** zeigt das Formular, wie es für den Benutzer aussieht. Über das Pull-down Menü "Ansicht" in der Symbolleiste

kann von der Formularansicht (siehe Abb. 8.1) in die Entwurfsansicht (siehe Abb. 8.2) gewechselt werden. An derselben Stelle
kommt man umgekehrt wieder zurück in die Formularansicht.

**Die
Entwurfsansicht**

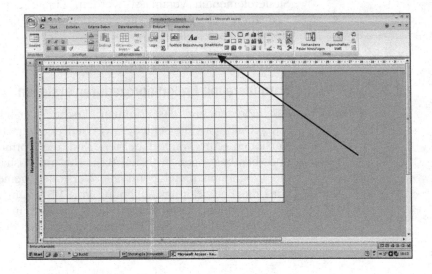

Abb. 8.2 Die Entwurfsansicht

Der karierte Teil des Bildschirmausschnitts in Abb. 8.2 dient der
Formularerstellung. Hier können Steuerelemente eingefügt und
vom Formularentwickler beliebig groß gezogen werden.

Die verfügbaren Steuerelemente werden in der Symbolleiste
angeboten.

**Hinweis VB und
VB.Net**

In VB und VB.Net werden in der Entwurfsebene die Standardei-
genschaften des Formulars wie Name, Farbe (BackColor), Über-
schrift (Caption) im Eigenschaftenfenster angezeigt. Sie können
bei Bedarf geändert werden.

Die Eigenschaften des Objekts Formular werden in VBA, wie wir im späteren Verlauf des Kapitels noch sehen werden, im Eigenschaftenfenster bei der Eingabe von Programmtexten angezeigt.

8.2.1   Die Entwicklung des Formulars "Rechner"

Um einen ersten Einstieg in die Formularerstellung zu bekommen, werden wir uns zunächst lediglich mit vier - für das Formular "Rechner" relevanten - Steuerelementen auseinandersetzen. Sie sind in Abb. 8.3 mit einem Pfeil gekennzeichnet. Weitere Steuerelemente werden im nachfolgenden Abschnitt 8.2.2 vorgestellt.

Die Steuerelemente

Abb. 8.3 Steuerelemente in VBA

Schaltfläche

Die Schaltfläche (engl. CommandButton).

Hinweis VB und VB.Net

Mit der Befehlsschaltfläche kann in VB und VB.Net bei Betätigung eine Ereignisprozedur ausgelöst werden[10].

---

[10] Mit der Befehlsschaltfläche wird in VBA eine Funktion oder ein Makro, eine von VBA vorgegebene Zusammenfassung von Befehlen aktiviert.

Umschaltfläche

In VBA wird zu diesem Zweck die Umschaltfläche gewählt.

Im weiteren Verlauf des Kapitels wird zur Vereinfachung der Begriff "Schaltfläche" verwandt. In VBA ist damit die Umschaltfläche und ansonsten die Befehlsschaltfläche gemeint.

Textfeld

Das Textfeld (eng. Textbox)

dient der Ein- und Ausgabe von Daten bei der Kommunikation mit dem Benutzer. Zur guten Verständlichkeit besteht es aus zwei Komponenten, dem Bezeichner- und dem Datenfeld. Das Bezeichnerfeld dient der Beschreibung der Daten, die im Datenfeld erscheinen.

Bezeichnerfeld

Das Bezeichnerfeld (eng. Label)

ist ein unveränderbares Feld. Mit ihm können Texte in das Formular integriert werden, wie z. B. Überschriften.

Für unser Formular "Rechner" benötigen wir drei Textfelder, zwei zur Eingabe der Zahlen und eins zur Ergebnisanzeige. Weiter benötigen wir vier Schaltflächen für die jeweiligen Rechenoperationen (siehe Abb. 8.3). Steuerelemente werden erstellt, indem das passende Symbol in der Toolbox angeklickt und dann an die Stelle ins Formular geklickt wird, an der das Steuerelement erscheinen soll. Dabei besteht die Möglichkeit, die Größe des neuen Buttons zu bestimmen.

Die Entwurfsansicht des Formulars "Rechner"

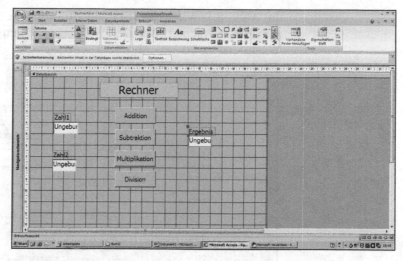

Abb. 8.4 Entwurfsansicht des Formulars "Rechner"

Durch Anklicken eines Steuerelements mit der rechten Maustaste öffnet sich ein Kontextmenü, mit dem verschiedene Bearbeitungsmöglichkeiten des Steuerelements angeboten werden.

Das Kontextmenü

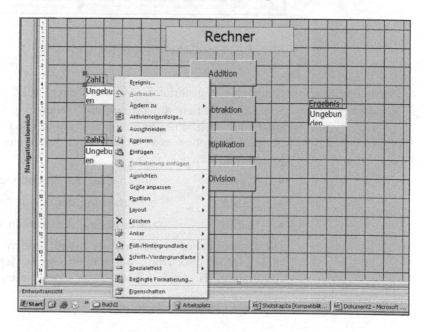

Abb. 8.5 Das Kontextmenü eines Textfeldes

In Abb. 8.4 wird das Textfeld zur Eingabe der ersten Zahl genauer betrachtet. Mit der Wahl von "Eigenschaften" im Kontextmenü wird in Abb. 8.5 ein weiteres Fenster mit verschiedenen Registerkarten geöffnet.

Eigenschaften von Steuerelementen anzeigen

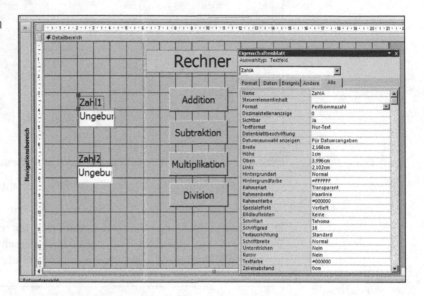

Abb. 8.6 Eigenschaften des Textfelds "Zahl1"

Namen für Steuerelemente

Unter der Registerkarte "Andere" oder "Alle" können wir der Schaltfläche einen mnemonischen[11] Namen geben, mit der sie später aus dem Programm heraus ansprechbar ist. In unserem Beispiel vergeben wir für die drei benötigten Textfelder die folgenden Namen

- "Resultat"   zur Anzeige des Ergebnisses
- "ZahlA"   zur Erfassung der ersten Zahl
- "ZahlB"   zur Erfassung der zweiten Zahl

Die Schaltflächen erhalten die abkürzenden Namen "Addi", "Subt", "Mult" und "Divi". Wir wählen jeweils vier Buchstaben zur Abkürzung, da mit drei Buchstaben eine Namensidentität, die zu

---

[11] gedächtnisunterstützenden

Fehlern führt, auftritt: Sub ist das Schlüsselwort für eine Prozedur.

Es fehlt noch die Beschriftung der Textfelder für den Anwender,
damit er weiß, wofür das Symbol im Formular steht. In unserem
Beispielformular ist das Textfeld für die erste einzugebende Zahl
mit dem Bezeichner "Zahl1" beschrieben. Hierzu klicken wir im
Formularentwurf auf das mit "Text1" beschriebene Feld und
ändern die Zeichenfolge "Text1" in die von uns gewünschte
"Zahl1" um.

Es ist wichtig, sich den Unterschied zwischen dem Namen eines
Steuerelements und seiner Beschriftung nochmals zu verdeut-
lichen. Nehmen wir hierzu die Einrichtung der Schaltfläche
"Addition".

Eigenschaften von Schaltflächen

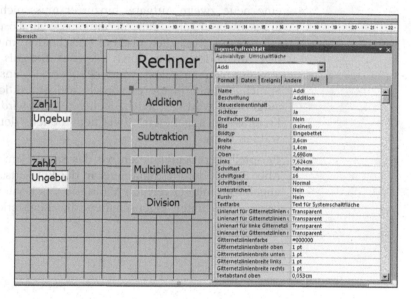

Abb. 8.7 Eigenschaften der Schaltfläche "Addition"

Allgemein gilt, dass mit "Beschriftung" der Bezeichner festgelegt
wird, den Anwender in der Formularansicht zur Dokumentation
des Steuerelements zu sehen bekommen. In Abb. 8.6 ist dieser
Bezeichner mit "Addition" versehen. Mit dem "Namen" eines
Steuerelements, wie "Addi" in Abb. 8.6, wird die Möglichkeit
geschaffen, ein Steuerelement im Programmtext zu nutzen, d. h.

ihm z. B. Werte zuzuweisen oder auf Werte, die in das Steuerelement eingegeben wurden, zuzugreifen.

Programmierung der Schaltflächen

Kommen wir nun zur Programmierung der Schaltflächen. Bisher haben wir dafür gesorgt, dass das Formular mit Steuerelementen ausgestattet ist. Unser Ziel ist es, dass bei einem Klick auf einer der vier Rechenarten auch tatsächlich die entsprechende Berechnung durchgeführt und das Ergebnis sichtbar gemacht wird. Zu diesem Zweck müssen wir "Ereignisprozeduren" implementieren. Wie schon in Abschnitt 4.1.2 beschrieben, haben sie im Prinzip denselben Aufbau wie die uns bereits bekannten Prozeduren. Der Unterschied ist, dass sie nicht aus einem Hauptprogramm heraus, sondern durch ein vom Anwender ausgelöstes Ereignis aufgerufen werden. Der Programmierer bekommt nun eine neue zweite Aufgabe hinzu: er muss nicht nur die Handlungsanweisungen - den Algorithmus - zur Lösung der Aufgabe formulieren. Zusätzlich muss er entscheiden, mit welcher Aktion des Anwenders, also durch welches Ereignis die Handlungsanweisungen ausgelöst werden sollen. In unserem bisherigen Sprachgebrauch heißt es, durch welche Aktion die Prozedur aufgerufen wird. Zu jedem Steuerelement wird eine Reihe von Ereignissen angeboten, zwischen denen der Programmierer wählen kann.

Beispielhaft programmieren wir das Steuerelement "Addition". In Abb. 8.7 hat der Programmierer in der Entwurfsansicht "Addition" angeklickt, mit der rechten Maustaste das Kontextmenü anzeigen lassen und unter Eigenschaften die Registerkarte "Ereignisse" gewählt.

**Ereignise
auswählen**

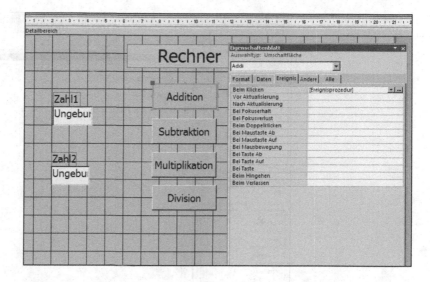

Abb. 8.8 Mögliche Ereignisse der Schaltfläche "Addition"

Es werden alle Ereignisse aufgelistet, die in Zusammenhang mit dem ausgewählten Steuerelement eintreten können. Wir wählen das Ereignis "beim Klicken" und gehen in den "Code-Editor".

**Hinweis VB und
VB.Net**

In VB und VB.Net reicht ein Doppelklick auf die ausgewählte Schaltfläche.

Nun befinden wir uns in der bereits bekannten Programmier-umgebung. Im Projekt-Explorer in Abb. 8.8 sehen wir, dass unser Programmcode nun in einer "Form" angelegt wird, da dieser Code ja in der Tat nur über das Formular ansprechbar ist.

**Ereignisprozedur
zu "Addition"**

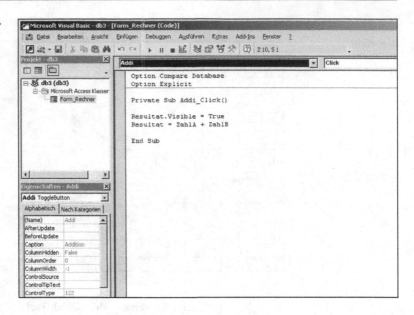

Abb. 8.9 Die Ereignisprozedur zur Schaltfläche "Addition"

Im linken unteren Eigenschaftenfenster in Abb. 8.8 werden alle Eigenschaften der Schaltfläche "Addition" angezeigt, die bei Bedarf vom Programmierer geändert werden können. Sie betreffen z. B. das Aussehen oder die Bezeichnung der Schaltfläche (Caption "Addition").

Unter der Symbolleiste erscheint in Abb. 8.8 der Name des ausgewählten Steuerelements "Addi". Über dieses Fenster können alle im Formular erzeugten Steuerelemente über das Pull-down-Menü aufgelistet werden. Ebenso erscheint der Name des spezifizierten Ereignisses "click". Hier können über das Pull-down-Menü alle weiteren zur Verfügung stehenden Ereignisse des ausgewählten Steuerelements angezeigt werden, so dass auch an dieser Stelle neue Ereignisprozeduren eingefügt werden können.

Kommen wir zur Ereignisprozedur in Abb. 8.8. Der Prozedurname wird automatisch vergeben und setzt sich zusammen aus dem Namen des Steuerelements, den wir vorher vergeben haben und dem Namen des ausgewählten Ereignisses.

```
Private Sub Addi_Click()
```

Objekteigenschaft nutzen

Das Textfeld "Resultat" soll nur dann sichtbar sein, wenn eine der gewünschten Rechenoperationen ausgewählt wird, damit bei neuer Zahleneingabe das Ergebnis der letzten Rechnung nicht mehr sichtbar ist. Dies geschieht mit der Zuweisung

```
[Resultat].visible = True
```

Das Textfeld "Resultat" hat wie jedes Steuerelement die Eigenschaft "visible". Sie ist im Eigenschaftenfenster aufgelistet und kann die Werte "True" und "False" annehmen. Standardmäßig ist diese Eigenschaft auf "True" gesetzt.

In unserem Fall heißt dies, dass wir bereits an anderer Stelle, nämlich bei jeder Änderung von "ZahlA" oder "ZahlB", die Sichtbarkeit des Steuerelements "Resultat" auf "False" setzen müssen. Wir werden auf diese Zuweisung im weiteren Verlauf genauer eingehen.

Auch hier wird deutlich, dass Steuerelemente Objekte sind, die vom Programmierer beeinflussbare Eigenschaften haben. Entsprechend der in Kapitel sieben kennen gelernten Notation werden sie durch Angabe des Objektnamens, des Punktes sowie des Eigenschaftennamens im Programm verwendet.

Die zweite Anweisung der Prozedur "Addi_Click" besteht aus der Rechenoperation selbst. Wir sehen, dass die Namen der Steuerelemente im Programmtext wie Variablen behandelt werden. Es wird der Wert, der im Textfeld "ZahlA" steht, zu dem Wert, der in "ZahlB" steht, addiert. Das Ergebnis wird dem Textfeld "Resultat" zugewiesen.

Der Unterschied zu Variablen ist, dass sie durch ihre Einrichtung im Formular quasi "deklariert" sind; sie sind dadurch dem Compiler bekannt. Selbst der Datentyp kann über die Eigenschaften des Steuerelements unter der Registerkarte "Format" festgelegt werden. Sollte z. B. bei der Addition von Zahlen nicht addiert werden, sondern eine Konkatenation[12] der Zahlen erfolgen, dann empfiehlt sich eine Änderung der Formatdarstellung der Textfelder, z. B. als "Allgemeine Zahl".

Selbstverständlich können zusätzlich zu den Steuerelementen z. B. zur Berechnung von Zwischenergebnissen Variablen

---

[12] Aneinanderreihung

verwendet werden. Sie müssen wie bisher modulweit oder lokal deklariert werden.

Prozeduren ans Formular binden

Beim Aufruf des Formulars sollen die Inhalte der Zahlen-Textfelder auf 0 und das Textfeld "Resultat" auf unsichtbar gesetzt werden.

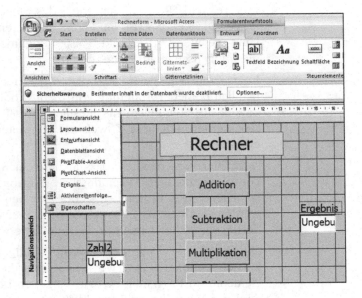

Abb. 8.10 Formular-Ereignisse implementieren

Diese Aktion können wir an kein Steuerelement binden, da sie bereits vor der Betätigung irgendeines der Steuerelemente ausgeführt werden soll. Da Formulare ebenfalls Objekte sind, stellen sie ebenso Ereignisse zur Verfügung, die mit Ereignisprozeduren verbunden werden können.

In Abb. 8.9 wird durch das Klicken mit der rechten Maustaste in das linke obere Quadrat, dort wo sich Zeilen- und Spaltenlineal treffen, ein Menü geöffnet, mit dem "Eigenschaften" des gesamten Formulars gesetzt werden können. Daraus wählen wir die Registerkarte "Ereignisse".

Hinweis VB und VB.Net

In allen anderen Versionen werden die Eigenschaften von aktivierten Objekten direkt in der Entwurfsansicht des Formulars angezeigt.

Das erste der aufgelisteten Ereignisse "beim Anzeigen" wird angeklickt, und wir gelangen in den Code-Editor. In der dadurch erzeugten Ereignisprozedur "Form_Current" werden dann die Anfangswertzuweisungen vorgenommen.

```
Private Sub Form_Current()
    ZahlA = 0
    ZahlB = 0
    Resultat.Visible = False
End Sub
```

Abschließend wird noch einmal der Programmtext aller Ereignisprozeduren im Code-Editor dargestellt.

```
Option Explicit

Private Sub Form_Current()
    ZahlA = 0
    ZahlB = 0
    Resultat.Visible = False
End Sub

Private Sub Addi_Click()
    Resultat.Visible = True
    Resultat = ZahlA + ZahlB
End Sub

Private Sub Subt_Click()
    Resultat.Visible = True .
    Resultat = ZahlA - ZahlB
End Sub

Private Sub Mult_Click()
    Resultat.Visible = True
    Resultat = ZahlA * ZahlB
End Sub

Private Sub Divi_Click()
    Resultat.Visible = True
    Resultat=FormatNumber(ZahlA/ZahlB, 2)
End Sub
```

```
Private Sub Zahl1A_Change()
   Resultat.Visible = False
End Sub

Private Sub Zahl1B_Change()
   Resultat.Visible = False
End Sub
```

Die beiden Prozeduren

```
Private Sub Zahl1A_Change() und
Private Sub Zahl1B_Change()
```

werden bei jedem neuen Eintrag einer Zahl in eines der Textfelder ausgeführt. Damit wird, wie oben bereits angesprochen, Sorge getragen, dass kein Ergebnis vorheriger Berechnungen angezeigt wird, wenn neue Eingaben für "Zahl1" oder "Zahl2" erfolgen. Erst beim Klicken einer Rechenoperation wird das Feld "Resultat" wieder sichtbar.

Die Einrichtung dieser Prozeduren erfolgt über das Eigenschaftenfenster von "Zahl1" bzw. "Zahl2" und der Registerkarte "Ereignisse". Daraufhin wird das Ereignis "bei Änderung" ausgewählt.

Zusammenfassung

Wir sehen, dass die ereignisorientierte und prozedurale Programmierung zusammengehören. Mit der ereignisorientierten Programmierung können auf einfache Weise komfortable Benutzeroberflächen implementiert werden. Für alle Programme, in denen mehr als einzelne Anweisungen im Rahmen einer Ereignisprozedur ausgeführt werden, gelten innerhalb der Ereignisprozeduren alle Prinzipien der Programmierung, wie wir sie bisher kennen gelernt haben. Lediglich der Aufruf der Prozeduren geschieht nicht aus dem Hauptprogramm, sondern wird durch eine Aktion des Benutzers, wie das Anklicken eines Steuerelements, veranlasst.

Übungsaufgabe

Übungsaufgabe 8.1

Entwickeln Sie die Aufgabe "Fitnessbereich" aus Kapitel 4.5 mit einem Formular.

8.2.2   Die Nutzung von Optionsgruppen und Listenfeldern

Im letzten Abschnitt wurde exemplarisch das Formular "Rechner" erstellt sowie alle hierfür erforderlichen Schritte erläutert. In diesem Abschnitt werden weitere häufig verwendete Steuerelemente aufgezeigt. Sie sind in Abb. 8.10 mit einem Pfeil gekennzeichnet. Zur Vereinfachung wird ihre Nutzung und Funktionsweise an einem durchgehenden Beispiel dargestellt.

Weitere Steuerelemente

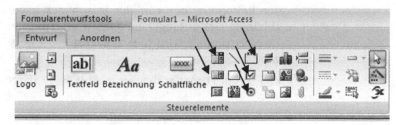

Abb. 8.11 weitere Steuerelemente in VBA

Optionsfeld

Das Optionsfeld (eng. Option Button)

bietet als Teil einer Optionsgruppe mehrere Auswahlmöglichkeiten an, von denen **eine** ausgewählt werden kann.

Kontrollfeld

Das Kontrollfeld (eng. CheckBox)

Mit ihm können im Unterschied zum Optionsfeld mehrere Optionen aus einer Liste ausgewählt werden.

Rahmen

Rahmen (eng. Frame)

ermöglichen die grafische und funktionelle Gruppierung von Options- oder Kontrollfeldern und auch Schaltflächen. Erforderlich werden sie für das Optionsfeld, da der Anwender hier aus mehreren Optionen jeweils eine Option auswählen kann. Welche Optionen jeweils zu einer Gruppe gehören und voneinander abhängig sind, wird durch den Rahmen festgelegt.

Optionsgruppe   Der Rahmen ist ein übergeordnetes Objekt, das weitere Objekte wie eine Art Container in sich aufnehmen kann. Sie werden daher auch als Optionsgruppe bezeichnet.

Aufgabenstellung "Hotel"   In der Aufgabe "Hotel" (siehe Übungsaufgabe 3.1) sollte der Anwender einen Reisemonat und die Anzahl gewünschter Übernachtungen eingeben können. Daraufhin wird die Saison und der Reisepreis, der von der Saison des jeweiligen Reisemonats abhängig ist, ausgegeben. Die Wahl zwischen einem Ein- und Zweibettzimmer wird hier zunächst aus Übersichtsgründen weggelassen.

Ziel ist ein Formular, wie es in Abb. 8. 11 dargestellt ist.

"Hotel" mit Optionsgruppe

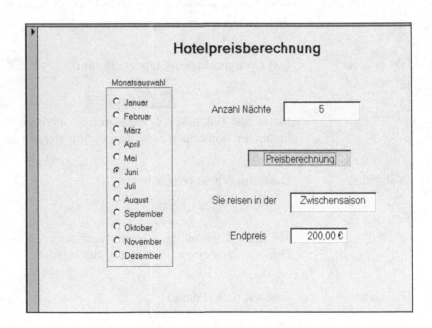

Abb. 8.12 Das Formular "Hotel" mit Optionsgruppe

Die Monatsauswahl wird mit einer Optionsgruppe implementiert.

Optionsgruppen-assistent

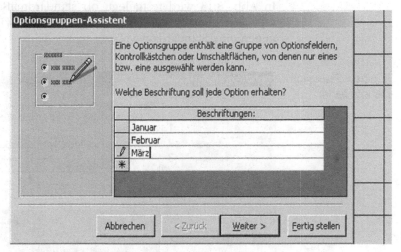

Abb. 8.13 der Optionsgruppenassistent

Nachdem eine Optionsgruppe aus der Toolbox ausgewählt und in die Entwurfsansicht des Formulars integriert wurde, können weitere Objekte mit Hilfe des in Abb. 8.12 dargestellten Optionsgruppenassistenten eingefügt werden.

Im ersten Schritt trägt der Programmierer nun die einzelnen Monatsnamen unter Beschriftungen ein.

Standardauswahl in Optionsgruppen

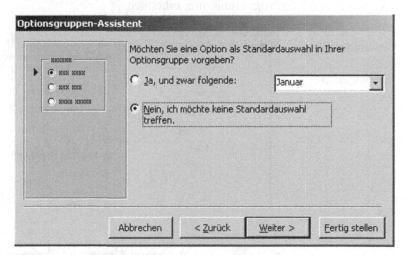

Abb. 8.14 Wertzuweisungen an Optionsfelder

167

In Abb. 8.13 wird festgelegt, ob standardmäßig ein bestimmtes Optionsfeld ausgewählt sein soll oder nicht. Wir entscheiden uns gegen eine Standardauswahl.

Wertzuweisung an Optionsfelder

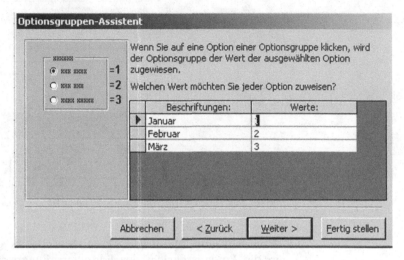

Abb. 8.15 Standardauswahl eines Optionsfeldes

Den einzelnen Optionsfeldern kann wie in Abb. 8.14 ein Wert zugewiesen werden. Bei Auswahl eines Optionsfeldes erhält dann der gesamte Rahmen diesen Wert. Dies vereinfacht die Programmierung erheblich.

Steuerelemente der Optionsgruppe

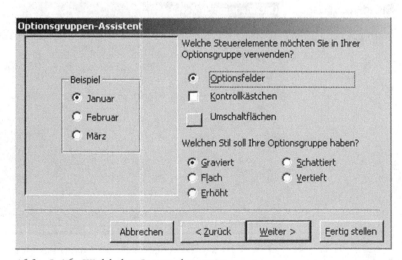

Abb. 8.16 Wahl der Steuerelemente

Im folgenden Schritt kann in Abb. 8.15 zwischen Options-, Kontrollfeld oder Umschaltfläche gewählt werden.

Sollte hier in einer Erweiterung die mögliche Zimmerausstattung wie Meerblick, Terrasse usw. angegeben werden, böte sich ein Kontrollfeld an, da mehrere Optionen gewählt werden könnten.

Zusätzlich kann die grafische Darstellung der Optionsgruppe angegeben werden.

Im letzten Schritt des Optionsgruppen-Assistenten wird dem Rahmen eine Beschriftung, in unserem Beispiel "Monatsauswahl" (siehe Abb. 8.11) zugewiesen. Damit ist die Optionsgruppe fertig gestellt.

Durch Anklicken des Rahmens kann ihm im Eigenschaften-Fenster ein Name zugeordnet werden. Wir wählen den Namen "Monat", darüber ist das Optionsfeld im Folgenden aus dem Programm heraus ansprechbar.

Zur weiteren Bearbeitung des Formulars benötigen wir nun noch 3 Textfelder mit den im folgenden angegebenen Namen:

- zur Eingabe der gewünschten Übernachtungen: Anzahl

- zur Ausgabe des Preises : Preis

- zur Ausgabe der Saison : Saison

Außerdem wird die Schaltfläche "Preisberechnung" eingefügt. Sie erhält den Namen "Rechnen".

Die Ermittlung des Übernachtungspreises wird an ein Ereignis der Schaltfläche "Berechnung" gebunden. Wir wählen das Ereignis "beim Klicken" und gelangen in den Code-Editor.

```
Private Sub Rechnen_Click()
Const Vorpreis =40, Zwischenpreis =50, Hochpreis =30

    Select Case Monat
    Case 1, 2, 11
        Preis = Anzahl * Vorpreis
        Saison = "Vorsaison"
```

```
              Case 3, 4, 5, 6, 9, 10
                 Preis = Anzahl * Zwischenpreis
                 Saison = "Zwischensaison"
              Case 7, 8, 12
                 Preis = Anzahl * Hochpreis
                 Saison = "Hochsaison"
        End Select
End Sub

Public Sub Dez_GotFocus()
     MsgBox ("Sie reisen in der Weihnachtszeit")
End Sub

Private Sub Monat_Click()
     Preis = ""
     Saison = ""
End Sub
```

Die zentrale Prozedur ist "Rechnen_Click". Mit dem Namen "Monat" hinter dem Schlüsselwort "Select Case" ist die Optionsgruppe angesprochen. In Abb. 8. 13 wurde jedem Monatsnamen ein Zahlenwert zugewiesen. Auf diesen kann nun im Case-Konstrukt Bezug genommen werden. Abhängig vom Zahlenwert wird das Textfeld "Preis" über den Saisonpreis, angegeben als Konstante, sowie der vom Benutzer in das Textfeld "Anzahl" eingegebenen Zahl gewünschter Übernachtungen berechnet. Zusätzlich wird dem Textfeld "Saison" die jeweilige Saisonzeit zur Anzeige für den Anwender zugewiesen.

Mit der Prozedur

```
Private Sub Monat_Click()
   Preis = ""
   Saison = ""
End Sub
```

werden bei jedem neuen Klick auf einen Monatsnamen die Werte in den Textfeldern "Preis", "Saison" gelöscht, so dass deutlich wird, dass eine neue Rechnung beginnt, wobei die Anzahl der Übernachtungen unverändert bleiben kann.

Zur Verdeutlichung, dass auch einzelne Optionsfelder einer Gruppe programmiert werden können, ist die Prozedur "Dez_-GotFocus" aufgeführt

```
Public Sub Dez_GotFocus()
    MsgBox ("Sie reisen in der Weihnachtszeit")
End Sub
```

Innerhalb der Optionsgruppe wird dem Optionsfeld mit dem Bezeichner "Dezember" im Eigenschaftenfenster der Name "Dez" zugewiesen. Das Ereignis "GotFocus" wird gewählt, d.h jedes Mal, wenn die Maus dieses Optionsfeld fokusiert, erscheint eine Message-Box mit dem genannten Inhalt.

Listenfeld   Das Listenfeld (eng. Listbox)

ist ein Steuerelement, das eine Liste von Auswahlmöglichkeiten zur Verfügung stellt. Es besteht aus einer Liste und einem optionalen Bezeichnungsfeld.

Die Liste wird permanent angezeigt. Je nach Auswahl des Benutzers erhält das Steuerelement einen Wert aus der Liste. Um schnell zu einem Wert mit einem bestimmten Anfangsbuchstaben zu gelangen, ist dieser einzugeben. Die zur Verfügung stehenden Alternativen werden dann angezeigt.

Kombinationsfeld   Das Kombinationsfeld (eng. ComboBox)

besteht aus einer Kombination von einem Listen- und einem Textfeld. Werte können über das Textfeld oder durch Klicken auf das Kombinationsfeld eingegeben werden. In diesem Fall wird eine Liste angezeigt, aus der ein Wert ausgewählt wird.

Da die Liste erst beim Klicken angezeigt wird, benötigt dieses Steuerelement weniger Platz im Formular. Die Suche nach Werten in der Liste erfolgt analog zum Listenfeld.

Zur Verdeutlichung wird die Aufgabe "Hotel" mit einem Listen- und einem Kombinationsfeld dargestellt. Die Auswahl des Monats erfolgt über ein Kombinationsfeld. Wir nehmen zusätzlich die Wahl zwischen Ein- und Zweibettzimmer auf und realisieren sie mit einem Listenfeld. Im Falle eines Zweibettzimmers erhöht sich der Endpreis um 50%.

"Hotel" mit Listen- und Kombinationsfeld

Abb. 8.17 "Hotel" mit Listen- und Kombinationsfeld

Für die in Abb. 8.16 dargestellte Monatsauswahl nutzen wir ein Kombinationsfeld. Nachdem das entsprechende Symbol in der Toolbox ausgewählt und in die Entwurfsansicht des Formulars integriert wurde, kann man entweder wie bei der Einrichtung einer Optionsgruppe mit dem Assistenten oder auch ohne arbeiten. In VBA bietet der Assistent die Alternative, die Werte aus einer Access-Tabelle oder -Abfrage zu wählen oder die Werte selbst einzugeben. Wir entscheiden uns dafür, die Werte selbst einzugeben und gelangen in den in Abb. 8.17 gezeigten zweiten Schritt des Assistenten.

Kombinationsfeld-assistent

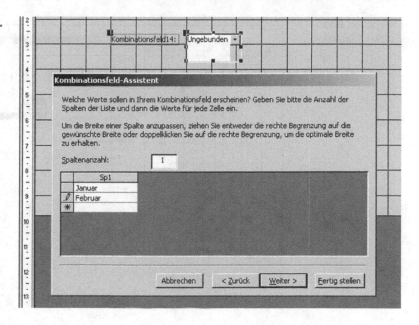

Abb. 8.18 Kombinationsfeld-Assistent

Nachdem alle Monatsnamen eingegeben sind, kann im nächsten Schritt ein Bezeichner für das Kombinationsfeld - in unserem Fall "Monatsauswahl" - vergeben werden. Das Kombinationsfeld erhält über das Eigenschaftenfenster den Namen "Monat"

Ohne den Kombinationsfeld-Assistenten können im Eigenschaftenfenster unter der Registerkarte "Alle" in der Zeile "Datensatzherkunft" die Werte der Liste eingetragen werden.

Die Einrichtung eines Listenfeldes erfolgt analog. Exemplarisch wird es ohne die Nutzung des Assistenten eingefügt. Im Kontextmenü des Listenfeldes wird ihm über "Eigenschaften" in der Registerkarte "Alle" der Name "Zimmer" zugewiesen.

Eigenschaften eines Listenfelds

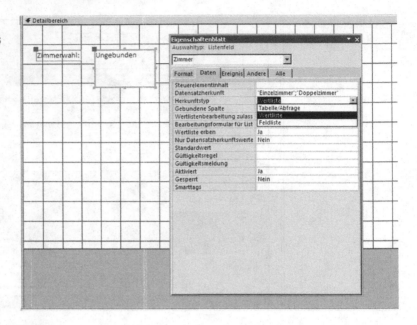

Abb. 8.19 Eigenschaften des Listenfeldes

Daraufhin klicken wir wie in Abb. 8.18 die Registerkarte "Daten" im Eigenschaftenfenster. Unter "Herkunftstyp" wird die Option "Werteliste" gewählt. In der Zeile "Datensatzherkunft" werden dann die einzelnen Werte getrennt durch ein Semikolon eingeben.

Wurden bei der Einrichtung eines Listen- oder Kombinationsfeldes mit dem Assistenten Werte vergessen, können sie nachträglich in dieser Zeile eingefügt werden.

Die übrigen Felder werden unverändert aus dem Hotelformular mit Optionsgruppe übernommen.

Wir können nun zur Programmierung des Formulars übergehen. Zur Vergleichbarkeit der Verwendung von Optionsfeldern wie in Abb. 8.11 und der von Kombinationsfeldern wie in Abb. 8.16 wird die Berechnung des Übernachtungspreises an dieselbe Steuerfläche "Preisberechnung" und dort an dasselbe Ereignis "beim Klicken" gebunden. Natürlich kann die Berechnung auch

an das Kombinationsfeld selbst gebunden werden, z. B. über das
Ereignis "bei Änderung" ("change").

```
Option Explicit
Private Sub Monat_Change()
   Preis = ""
   Saison = ""
End Sub

Private Sub Rechnen_Click()
Const Vorpreis =30, Zwischenpreis =40, Hochpreis =50
Const Doppelzimmerfaktor = 1.5
   Select Case Monat
   Case "Januar", "Februar", "November"
      Saison = "Nebensaison"
      Preis = Vorpreis * anzahl
   Case "März", "April", "Mai", "Juni",
                        "September", "Oktober"
      Saison = "Zwischensaison"
      Preis = Zwischenpreis * anzahl
   Case "Juli", "August", "Dezember"
      Saison = "Hauptsaison"
      Preis = Hochpreis * anzahl
   End Select

   If Zimmer = "Doppelzimmer" Then
      Preis = Preis * Doppelzimmerfaktor
   End If
End Sub
```

Klickt der Benutzer die Schaltfläche "Preisberechnung" an, so
wird in der Ereignisprozedur zunächst das "Select-Case"-Kon-
strukt ausgeführt. Mit dem Namen "Monat" wird der Wert des
Kombinationsfeldes überprüft. Da bei der Einrichtung des Kombinationsfeldes den Monatsnamen keine Zahlenwerte wie in der
Optionsgruppe zugeordnet wurden, werden die einzelnen Ein-
träge der Liste ("Januar", usw.) überprüft. Ansonsten funktioniert
die Programmierung analog zur Arbeit mit den Optionsfeldern.

Nach dem "Select Case"-Konstrukt wird eine weitere Alternative
zur Unterscheidung der Zimmerwahl eingeführt. Es wird auf das

Listenfeld mit dem Namen "Zimmer" Bezug genommen. Wurde vom Benutzer der Eintrag "Doppelzimmer" gewählt, so erhöht sich der Preis um die Konstante "Doppelzimmerfaktor".

Übungsaufgabe

Übungsaufgabe 8.2

a. Entwickeln Sie die Aufgabe "Fitnessbereich" aus Kapitel 4.5 mit Optionsgruppen zur Eingabe der Personenkategorie.

b. Entwickeln Sie dieselbe Aufgabe mit Kombinations- und Listenfeldern Ihrer Wahl.

8.3   Formulare mit selbstdefinierten Objekten

Im vorigen Abschnitt ist der Zusammenhang zwischen der objekt- und der ereignisorientierten Programmierung erläutert worden. Wir haben auch auf die Notwendigkeit eines Grundverständnisses der prozeduralen Programmierung hingewiesen.

Zum Abschluss dieses Buches wird ein Formular zur Darstellung selbstdefinierter Objekte entwickelt, in dem mehrere der bisher vorgestellten Konzepte der prozeduralen, objekt- und ereignisorientierten Programmierung zusammengefasst werden.

Problemdefinition Formular "Mitarbeiter"

Nehmen wir wieder unsere Beispielklasse "Mitarbeiter" aus Kapitel 7.2 und das zugehörige Programmmodul "Provisionsanpassung". Wir möchten nun die Anzeige der beiden Mitarbeiterdaten (zur Vereinfachung arbeiten wir wieder ohne Array) sowie die Methode "Provisionsüberprüfung" als Schaltflächen in einem Formular darstellen. Aus Übersichtsgründen wird die Eigenschaft "Provisionsgruppe" im Formular nicht berücksichtigt.

Wir nutzen Objektklassen, da sie, wie in Kapitel sieben bereits erläutert, universeller einsetzbar sind und eine größere Unabhängigkeit und damit Änderbarkeit des Programmtextes bieten. Unsere Klasse "Mitarbeiter" können wir unverändert aus Kapitel 7.2 übernehmen. Durch die Integration von Ereignisprozeduren ändert sich lediglich das Programmmodul.

Im Resultat sollte das Formular den in Abb. 8.19 dargestellten Aufbau haben.

**Formular
"Mitarbeiter"**

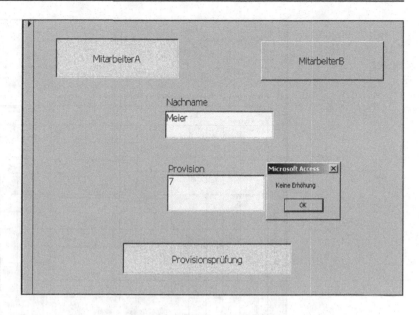

Abb. 8.20 Formular "Mitarbeiter"

**Formularerstel-
lung**

Der erste Schritt ist die Erstellung eines leeren Formulars, in das
wir zwei Schaltflächen mit den Namen "MitarbeiterA" und "MitarbeiterB", wie in der nachfolgenden Abb. 8.20 dargestellt, einfügen.

In der Entwurfsansicht kommen wir beim Klicken auf die Steuerelemente durch Betätigung der rechten Maustaste wieder ins Ei-
genschaften-Menü.

Über die Registerkarte "Format" tragen wir unter "Beschriftung"
die Namen der Schaltflächen, "MitarbeiterA" und "MitarbeiterB",
ein.

Unter der Registerkarte "Andere" können wir der Schaltfläche
den Namen geben, mit dem sie später aus dem Programm
heraus ansprechbar ist. Wir wählen hier die Kurzbezeichnungen
"MitA" und "MitB".

Dieselben Schritte führen wir zur Erzeugung der Schaltfläche
"Provisonsprüfung" aus.

"Name" und "Provision" der Mitarbeiter werden mit einem Textfeld erzeugt.

**Entwurfsansicht
Formular "Mitar-
beiter"**

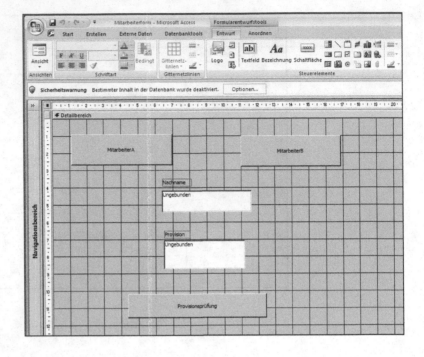

Abb. 8.21 Entwurfsansicht des Formulars "Mitarbeiter"

**Erstellung des
Programmcodes**

Damit haben wir alle Steuerelemente des Formulars geschaffen und können zu ihrer Programmierung übergehen.

Klickt der Benutzer im Formular "MitarbeiterA" an, wird dieser aktiviert. D. h. beim folgenden Klick auf z. B. das Textfeld "Name", wird der Name von "MitarbeiterA" angezeigt.

Umgekehrt werden nach Anklicken von "MitarbeiterB" dessen Name und Provision in den darunter liegenden Feldern aufgeführt.

Die Mitarbeiterobjekte müssen dazu zu Beginn instanziiert, d. h. eingerichtet werden. Eine **Zeigervariable** vom Typ "Mitarbeiter" muss je nach ausgewähltem Mitarbeiter dafür sorgen, dass die Eigenschaften und Methoden dieses Objekts angezeigt werden.

```
Option Explicit

Dim MitarbeiterA As New Mitarbeiter
Dim MitarbeiterB As New Mitarbeiter

Dim Hilfmit As Mitarbeiter
```

Objektvariablen   Mit "Hilfmit" wird kein neues Objekt geschaffen, da das Attribut
                         New fehlt. Mit dieser Variablen kann auf ein existierendes Objekt
                         verwiesen werden. Man nennt sie daher Objektvariablen.

Aktivierung eines   In der Entwurfsansicht wird auf die Befehlsschaltfläche "Mitarbei-
Mitarbeiters   terA" mit der rechten Maustaste gedrückt. Unter "Eigenschaften"
                         ziehen wir die Registerkarte "Ereignisse". Es werden alle Ereignis-
                         se aufgelistet, die in Zusammenhang mit dem ausgewählten Steu-
                         erelement eintreten können.

                         Wir wählen das Ereignis "beim Klicken" und gehen in den Code-
                         Editor.

```
Private Sub MitA_Click()
    If MitB = True Then
        MitB = False
    End If

    Nametext = ""
    Provtext = Null

    Set Hilfmit = Nothing
    Set Hilfmit = MitarbeiterA
End Sub
```

Mit der ersten Alternative in der Prozedur "MitA_Click" wird
dafür gesorgt, dass nur das Feld "MitarbeiterA" im Formular
heller erscheint. Dies ist das Kennzeichen dafür, dass es gerade
aktiviert ist. War vorher "MitarbeiterB" aktiviert, so muss dafür
gesorgt werden, dass dieser nun in der Anzeige als deaktiviert
gekennzeichnet wird, d. h. nicht mehr heller dargestellt wird.
Damit weiß der Benutzer, wessen Daten aktuell angezeigt wer-

den. Mit "True" und "False" kann gesteuert werden, ob es im Formular als aktiviert oder nicht aktiviert angezeigt wird.

Zur Übersichtlichkeit werden im Formular beim Anklicken eines Mitarbeiterobjekts die Eigenschaftsfelder "Nametext" und "Provtext" auf leer gesetzt.

Daraufhin wird mit

```
Set Hilfmit = Nothing
Set Hilfmit = MitarbeiterA
```

zuerst der bisherige Zeigerinhalt gelöscht und dann der Zeiger "Hilfmit" auf "MitarbeiterA" gesetzt. Dasselbe gilt entsprechend beim Anklicken von MitarbeiterB.

Im Textfeld "Nametext" sollen Daten nicht automatisch beim Wechsel der Mitarbeiter angezeigt werden, sondern erst bei expizitem Anklicken des Textfeldes. Wir wählen wieder das Ereignis "beim Klicken" zur Formulierung der Ereignisprozedur.

```
Private Sub Nametext_Click()
    Nametext = Hilfmit.Nachname
End Sub
```

Unabhängig davon, auf welches Objekt "Hilfmit" gerade verweist, wird dessen Name im Textfeld angezeigt.

Dasselbe gilt für die Ereignisprozedur zum Anzeigen der Provision.

Objektinitialisierung

Es fehlt bisher die Zuweisung der konkreten Eigenschaften zu den jeweiligen Objekten, die Initialisierung der Objekte. Dies geschieht am besten zu Beginn der Formulararbeit, also beim Laden des Formulars.

Durch das Klicken in das linke obere Quadrat, dort wo sich Zeilen- und Spaltenlineal treffen, gehen wir in "Eigenschaften" des gesamten Formulars und wählen unter der Registerkarte "Ereignisse" das Ereignis "beim Anzeigen".

```
Private Sub Form_Current()
    Nametext = ""
    Provtext = Null
    Call IniMitA
    Call IniMitB
End Sub
```

Zu Beginn werden "Nametext" und "Provtext" ohne Inhalt dargestellt. Mit "call IniMitA" wird eine Prozedur aufgerufen, in der
den Eigenschaften von "MitarbeiterA" Werte zugewiesen werden.

```
Private Sub IniMitA()
    MitarbeiterA.Nachname = "Meier"
    MitarbeiterA.Provision = 7
End Sub
```

Dies erfolgt ebenso für "MitarbeiterB". Im Unterschied zum Programm aus Kapitel 7.2 werden die Nachnamen hier direkt, also
ohne Benutzereingaben, zugewiesen.

Abschließend wird noch einmal der gesamte Programmcode abgebildet.

```
Option Explicit

Dim MitarbeiterA As New Mitarbeiter
Dim MitarbeiterB As New Mitarbeiter

Dim Hilfmit As Mitarbeiter

Private Sub Form_Current()
    Nametext = ""
    Provtext = Null
    Call IniMitA
    Call IniMitB
End Sub
```

```
          Private Sub MitA_Click()
            If MitB = True Then
                MitB = False
            End If
            Nametext = ""
            Provtext = Null
            Set Hilfmit = Nothing
            Set Hilfmit = MitarbeiterA
          End Sub

          Private Sub MitB_Click()
             If MitA = True Then
                MitA = False
             End If
            Nametext = ""
            Provtext = Null
            Set Hilfmit = Nothing
            Set Hilfmit = MItarbeiterB
          End Sub

          Private Sub IniMitA()
            MitarbeiterA.Nachname = "Meier"
            MitarbeiterA.Provision = 7
          End Sub

          Private Sub IniMitB()
            MitarbeiterB.Nachname = "Feger"
            MitarbeiterB.Provision = 9
          End Sub

          Private Sub Nametext_Click()
            Nametext = Hilfmit.Nachname
          End Sub

          Private Sub Provtext_Click()
            Provtext = Hilfmit.Provision
          End Sub
```

```
Private Sub Provpruef_Click()
  Dim Durchschnitt As Single
  Durchschnitt = (MItarbeiterA.Provision +
                   MItarbeiterB.Provision) / 2
  Hilfmit.ProvisionsPrüfung (Durchschnitt)
End Sub
```

In der Prozedur "Provpruef_Click()" gibt es bis auf den Prozedur-kopf keinen Unterschied zum Programmcode in Kapitel 7.2. Dem Steuerelement wird an dieser Stelle kein Wert zugewiesen, sondern nach Berechnung des Durchschnitts wird die Methode "Provisionsprüfung" mit dem aktuellen Parameter "Durchschnitt" aufgerufen.

Übungsaufgabe

Übungsaufgabe 8.3
Implementieren Sie die Übungsaufgabe 7.1 zur Verwaltung der Daten zweier Autos ereignisorientiert. Behalten Sie die imple-mentierten Klassen bei und ändern Sie lediglich das Programm-modul.

Schlagwortverzeichnis

Printed in the United States
By Bookmasters